新奇科学直播间

XINQI KEXUE ZHIBOJIAN

改变世界的伟大发明

张康 编著

浙江科学技术出版社

图书在版编目(CIP)数据

改变世界的伟大发明/张康编著. —杭州:浙江科学技术出版社，2021.4
(新奇科学直播间)
ISBN 978-7-5341-9555-6

Ⅰ. ①改… Ⅱ. ①张… Ⅲ. ①创造发明—世界—青少年读物 Ⅳ. ①N19-49

中国版本图书馆CIP数据核字(2021)第065762号

新奇科学直播间

改变世界的伟大发明

编　　著	张　康	**印　　刷**	杭州富春印务有限公司
出版发行	**浙江科学技术出版社**	**开　　本**	710×1000　1/16
	杭州市体育场路347号	**印　　张**	9
	邮　编：310006	**字　　数**	100 000
	办公室电话：0571-85176593	**版　　次**	2021年4月第1版
	销售部电话：0571-85062597　85058048	**印　　次**	2021年4月第1次印刷
	网　址：zjkxjscbs.tmall.com	**书　　号**	ISBN 978-7-5341-9555-6
	E-mail：zkpress@zkpress.com	**定　　价**	29.80元
设计排版	大米原创		

责任编辑　刘　燕　颜慧佳　王雪冰　　**责任校对**　张　宁

责任美编　金　晖　　**责任印务**　叶文炀

写在前面的话

“世界上最小的海在哪里?”

“月亮上有玉兔吗?”

“蒸汽机真的是瓦特发明的吗?”

“人类发现的最古老的乐器是什么?”

……

亲爱的小读者们，你们的脑袋里是不是也时常会冒出许多为什么?你们是不是总喜欢对新鲜事物刨根问底，一探究竟?如果是，那么恭喜你，这说明你们对这个世界怀有强烈的好奇心。好奇心是促进人们不断探索、不断进取的动力，它可以使人们的梦想生根发芽，进而开出美丽的花。

当一个孩子不再对自己所生活的世界好奇时，并不意味着他长大成熟了，只能说明他的心

在慢慢地变老，他的精神花园在悄悄地衰败，这听起来多么可怕啊！所以，我们要学会对这个世界保持好奇，去探寻它所蕴含的神奇秘密。

这套书就是从世界秘密海洋中汲取出来的一勺水。它虽然量不大，但所展示的内容能让你大吃一惊。当你阅读这套图书时，你会看到那些不可思议的世界纪录、那些令人拍案叫绝的奇妙发明、那些值得永载人类史册的伟大瞬间，以及那些我们的祖国正在发生着的科技新变化……

这个世界真奇妙，而我们所知的又太少！面对这个每天都在上演奇迹和新历史的世界，我们唯有怀着好奇心和勇气去孜孜不断地探索，才能真正地主宰未来。孩子们，出发吧！让我们一起从这里启程，去了解这个日新月异的世界。

目录

汉字：连贯古今的秘密法宝

一说起汉字，很多小伙伴的心中都会五味杂陈，因为在语文课堂上可没少受这家伙的气。尤其是在老师点名让人上讲台写生字的时候，一些小伙伴更是紧张得大气都不敢喘，将头压得低低的，生怕自己被点到。时间一长，有的小伙伴甚至开始讨厌学习汉字，觉得这些由点、横、竖、撇、捺等笔画组合而成的方块字实在是太难写了。但是，你真的了解汉字吗？

汉字是世界上最古老的文字之一。单是从大量出土的甲骨文算起，它就已经有3500多年的历史了。另外，汉字还是世界上唯一延续至今仍被使用的文字，而古埃及的圣体字、巴比伦的楔形文字、中美洲的古玛雅文字等都相继成为了历史的陈迹。

那么，如此富有生命力的汉字是如何产生的呢？传说，这与远古时期一位名叫仓颉的人有关。

仓颉是黄帝部落里的一名官员，专门负责管理粮食、牲口等事务。当时，人们虽然可以通过语言进行沟通，但没有发明用来记录事件的文字。

为了把重大事件记录下来、流传下去，人们采用的主要手段是“结绳记事”，即利用绳结来记录事情。例如，部落里有人外出打猎，成功捕获了一头野猪，他便在绳子上打一个结来记录此事，如果捕获了两头野猪就打两个结，以此类推。

这个方法看起来简单，却并不实用，毕竟打的结一多就容易搞混，以致不知道当初为什么要打这个结。而仓颉也发现古老的“结绳记事”已经越来越无法满足部落发展的需要，于是他下决心发明一种新的记事方法。

仓颉日思夜想，到处

观察，看尽了天上星宿的分布情况、地上山川脉络的样子、鸟兽虫鱼的痕迹、草木器具的形状，描摹绘写，造出种种不同的符号，并且定下了每个符号所代表的意义。他按自己的心意用符号拼凑成几段“文章”，拿给人看，经他解说，大家倒也看得明白。这样一来，仓颉管理起部落事务就更加井井有条了。

黄帝知道后，对他大加赞赏，命令他到各个部落去传授这种方法。渐渐地，这些符号的应用越来越广。就这样，古老的象形文字产生了。

不过，随着人类社会的发展，需要文字记载的东西越来越多，这些简单的图形符号渐渐无法满足人们的需要，于是人们便想办法把一些象形字组合起来，形成新文字。例如，把“人”和“木”组合起来，就成了“休”，意思是一个人靠在树上休息，很形象吧？就这样，汉字的新类型“会意字”形成了。

会意字诞生后并没有完全定型，而是随着历史的发展不断演变。到了春秋战国时期，中国大地上出现了许多诸侯国。这些诸侯国虽然同根同源，使用的文字却各不相同，比如仅仅一个“剑”字就有十几种写法。更让人无奈的是，这些字体在国与国之间还不能通用，字形过多给人们的文化交流带来了不便。

秦始皇结束了汉字字形过多的局面。他在统一六国后，为了让天下人都能够明白无误地读懂自己的旨意，便下令将秦国的小篆（一种字体）作为全国标准文字。

小篆是由大篆衍变而成的，字体优美，颇具古风古韵，但书写起来比较麻烦，对于普通老百姓来说实用性不强，再加上秦朝是一个短命王朝，只存在了短短15年，所以小篆在民间并没有真正流行起来，反而是实用性强、书写便捷的隶书受到了百姓的欢迎。但不管怎样，秦始皇“书同文”的政策奠定了汉字统一书写的基础。自那以后，在中华大地上，百姓们即便语言不通，也能借助汉字进行交流了。

另外，汉字在发展的过程中也衍生出了一门独特的表现艺术——汉字书法。传统的汉字书法一般以毛笔书写汉字为主，其书体主要分为楷书体、行书体、草书体、隶书体

和篆书体。

由于这种艺术可以将汉字的美发挥得淋漓尽致，所以很多人将其誉为“无形的舞”“无图的画”。一些书法家甚至因写得一手好字而名垂青史，比如东晋时期的王羲之因书法造诣极高被后人誉为“书圣”，其代表作《兰亭集序》更是被视为“天下第一行书”。

随着社会的发展，汉字除了在表现形式上有所变化外，其数量也不是固定的。纵观历史，从先秦时期到十一世纪，汉字的数量一直都在增长。例如，当前发现和整理的甲骨文字数量为4000多个；东汉时期，中国最早的一部字典《说文解字》收录的汉字数量增加到了9353个；到了北宋时期，官方修订的《类编》所收录的汉字更是多达3万个以上。

当然，汉字发展到宋代，其数量并没有达到顶峰，后来清

朝的《康熙字典》所收录的汉字多达46000多个。现代编著的大型工具书《汉语大词典》，更是堪称迄今为止世界上规模最大、收集汉字单字最多、释义最全的一部汉语字典。

那么，这些新增的汉字是如何产生的呢？答案当然是人造的，例如，"曌"（音同"照"）这个字就是中国历史上唯一的女皇帝武则天创造的。女皇武则天登基后，想给自己取一个独特又响亮的名字。可是，取什么名字才能让自己显得与众不同呢？如果用一些人们熟悉的汉字，肯定不够特别。于是武则天就新造了一个从来没有的字——曌。从这个字的字形结构中我们就能看出它的意思——日月当空，光芒万丈，这也是武则天对自己的评价。

看到这里，有些人可能会问：既然汉字有数万之多，可为什么国家只要求义务教育阶段的学生掌握3000多个常用汉字？其实，这个问题很好回答，因为这3000多个常用汉字是专家们精心挑选的，它们已经能够覆盖现代主流文本99%以上的篇幅。

至于剩下的大多数汉字，普通人几乎接触不到，其中很多只在古代文献中出现过几次，有的甚至是只在特定情况下才被使用的“一次性”汉字。

自汉字诞生以来，字形笔画历经多次演变，有从简到繁（如甲骨文到金文），也有从繁至简（如小篆到隶书），时至今日，主要有两种汉字形态被广泛使用，即繁体字和简体字。

繁体字是传统汉字，已有2000年以上的历史，目前主要在中国的台湾地区和香港、澳门特别行政区使用，而简体字一般是指中华人民共和国成立后中央政府推广的经过简化后的汉字，主要在中国大陆流行，比如这本书中所使用的字体便是简体字。

简体字的出现使得汉字的书写难度大大降低，让更多的人摘掉了“文盲”的帽子。不过，这也引起了一些人的不满，他们认为简体字相较于传统的繁体字，既无美感又失去了原有的意义，甚至有人悲观地认为简体字的出现会让中华文化出现断层。

其实，简体字并不是当代社会的“特产”，更不是繁体字的随意简化。它们中的很多字如“东”“见”“长”“门”等就曾在古代书法作品中出现过，有的甚至比繁体字的历史更为悠久呢！

从这个角度看，繁简并存的现象早已存在。因此，我们无需将繁体字与简体字对立起来，更没必要非得争论出个孰优孰劣，毕竟它们一母同胞，都属于汉字的范畴。

日常生活中，大家完全可以根据实际情况使用某种字体，比如生活在中国大陆的小伙伴平时以书写简体字为主，而在练习传统书法时为了让汉字更好地展现美感，也可以选择繁体字。

如今，汉字已经登上了世界舞台，并且产生了广泛的影响。在韩国，汉字课已成为小学生的准必修科目，初中生和高中生必须掌握1800个汉字，日本有专门的汉字能力检测协会……同时，越来越多国外的高中和大学把汉语纳入考核：在越南，汉语成为仅次于英语的热门外语，报考大学中文系的考生更是年年爆满；在欧美很多国家，也掀起了学习汉语的热潮……

作为中华儿女，熟悉和正确书写汉字更是一种责任与使命，正是因为它的存在，中华文明才得以薪火相传，绵延几千年未曾断绝。

麻醉剂：
缓解疼痛的秘密武器

大家应该都有过打针的经历，比如接种疫苗时打的防疫针。打针虽然不是一件多么复杂的事，但给人的感觉可不怎么愉快，毕竟针尖触及身体时常常会有明显的疼痛感，以至于很多小伙伴看见细细的针头就不由自主地开始害怕。打针尚且如此，那如果是做伤筋动骨的外科手术，病人岂不得疼晕过去？

在过去很长一段时间里，做手术都是病人遭罪、医生受累的麻烦事儿。很多时候，为了阻止病人因为疼痛而胡乱挣扎，医生不得不找人帮忙，将病人的手脚死死按住，做手术成了一场不折不扣的力气活。

不过，麻醉剂的出现大大减轻了病人做手术时的痛苦。

所谓的麻醉剂（俗称“麻药”），通常指使生物机体或机体局部暂时失去知觉及痛觉的药剂，它多用于手术或某些疾病治疗。目前，世界上有史料可查的最早的麻醉剂是麻沸散，它是由我国东汉末年著名医学家华佗发明的。

据说，每当华佗需要为病人进行手术治疗时，会事先令病人以酒服麻沸散，使其进入昏迷状态。而后他便可以顺利进行手术，而病人全程昏睡不知。待病人醒来时，手术也早已完成。

可惜的是，被后人誉为“神医”的华佗却死于非命。原来，擅长治疗疑难杂症的名医华佗曾经受命为曹操诊治头风病。起初，每当曹操发病疼痛难忍时，华佗都会立即给曹操针灸，并且效果显著。

但此法并不是长久之计，于是华佗向曹操进言：“您这头风病的病根叫‘风涎’，长在脑子里，针灸只能减缓病情而无法根治。要想彻底治好此病，只有先服用了麻沸散，然后用利斧劈开脑袋，取出‘风涎’。”

曹操一向疑心很重，一听华佗这个治疗方案，勃然大怒。他认为华佗故意设计这种治病方案，想借治病之机，杀死自己。盛怒之下的曹操立即把华佗关进狱中并杀害了他，而麻沸散的配方也因此失传。

麻沸散配方失传后，中国古代的中医们又相继研制了一些麻醉汤剂。据说，有的麻醉汤剂功效特别好，有经验的人甚至可以通过汤剂的用量来控制麻醉的深度和时间。不过，如果服用过量的话，也会导致饮用者出现假死的现象，有些坏人还把此类麻醉汤剂当作金蝉脱壳的秘密法宝。

据南宋学者周密的《癸辛杂识续集》记载，当时很多贪官污吏在东窗事发后，为了躲避惩罚，常常口服适量的麻醉汤剂假死，以期蒙混过关，免受追究。另外，现代武侠小说和影视剧中经常出现的蒙汗药，其原型也很有可能是古代麻醉剂的一种。

仅从史料上来看，麻醉剂有着漫长的历史，但真正用于临床并大面积普及的麻醉剂直到十八世纪才出现。诸多资料表明，一氧化二氮可能是西医使用的最早的全身麻醉剂。这种无色有甜味的气体起初只是用于化学实验，其麻醉作用还是英国化学家汉弗莱·戴维在1799年偶然发现的。

那时，戴维正在医学家托马斯·贝多斯成立的一个气体实验室里工作。由于戴维精通化学，所以刚开始他在实验室里的主要工作是制取各种气体，并观察这些气体对人体的作用。有一次，戴维通过各种复杂的操作制取了一些一氧化二氮。当时的人们还不太了解这种气体，以致很多人认为一氧化二氮对人体健康有很大的危害，然而他们又说不清具体的危害是什么。

为了弄清楚一氧化二氮的性质，戴维便开始大量制取该气体，为后续研究做准备。一天，他制取了一瓶一氧化二氮，并将其放在了地板上。没过多久，贝多斯走了过来，开始与戴维谈论工作上的事情。交谈期间，戴维不小心碰倒了一个架子，正好砸破了放在地板上装有一氧化二氮的瓶子。顷刻间，实验室里充满了这种气体。而恰恰在此时，一向不苟言笑的贝多斯竟然忍不住哈哈大笑起来，一旁的戴维也情不自禁地跟着笑。

待其他同事闻声赶来时，贝多斯和戴维两人已经笑得脸都变形了。由于人类闻到一氧化二氮后会忍不住哈哈大笑，所以这种气体又多了个有趣的称号——“笑气”。

自从笑气让戴维情不自禁大笑后，他便对这种气体着了迷。在好奇心的驱使下，这位年轻的科学家又做了很多次相关试验，并很快发现笑气对人体具有一定的麻醉作用。于是，笑气开始渐渐被用于医疗工作中。

然而，由于这种气体会使患者狂笑，而且使用时麻醉师也会受到不同程度的影响，所以笑气在麻醉史上仅仅是昙花一现。

不过，这并不影响人们对笑气的好奇心。1844年，美国化学家考尔顿也发现了笑气具有一定的麻醉作用。不过，他没有将这一发现推广到医学领域，而是带着笑气到各地演讲，做催眠示范表演。

同年12月10日，考尔顿在美国康涅狄格州表演时，结识了一位名叫威尔士的牙科医生。威尔士觉得笑气既然有一定的麻醉作用，那肯定能用于医学领域，减轻病人的痛苦。为了验证自己的想法，他决定先在自己的身上做实验。

威尔士找到考尔顿，请求他帮一个忙。考尔顿是一个很热心的人，没多想便答应了对方的请求。但当他得知具体要帮什么忙时，还是吓了一大跳。

原来，威尔士打算自己先吸入一定量的笑气，然后让考尔

顿帮忙从他的嘴里拔出一颗牙。实验进行得很顺利，考尔顿真的从威尔士的嘴里拔下了一颗结结实实的牙。

当时，威尔士虽然满嘴都是血，但整个拔牙期间竟没有感受到任何痛苦。拔牙实验的成功让威尔士兴奋极了。没过多久，他便对外宣称自己是第一个使用这种能够止痛的气体的人。

在旁人看来，威尔士的行为实属可恶，毕竟在他之前，考尔顿就已经发现了笑气的麻醉作用，并且他还帮了威尔士的忙。然而，考尔顿对此不以为意，他没有追究威尔士窃取自己研究成果的行为，而是继续从事着有关笑气的研究。

而威尔士在初次实验成功后，便迫不及待地到处进行笑气止痛的表演。不幸的是，1845年，威尔士在一所大学做笑气止痛的公开表演时，由于笑气使用剂量不够，被试者在表演快结束时痛得大喊大叫起来。周围的观众当时对笑气不怎么了解，根本不知道剂量不够会导致麻醉失效，结果纷纷起哄，嘲讽威尔士是个骗子。就这样，这场公开表演以失败告终，威尔士本人也备受打击，表示以后再也不做类似的表演了。

不过，这场失败的表演倒是让一个名叫威廉·莫顿的年轻人颇受启发。他觉得笑气虽然有着不错的麻醉作用，但使用时不够可靠，无法真正在医学领域普及。

为了找到一种稳定可靠的麻醉剂，莫顿向自己的老师——化学家杰克逊请教，希望能得到他的指点。杰克逊虽然对这位学生背后的动机有所顾虑，但最后还是给出了自己的建议："你可以试一试乙醚，它似乎也有着不错的麻醉效果。"

就这样，在老师的建议下，莫顿开始使用乙醚进行麻醉试验。1846年9月，他用乙醚成功地为一位长期受牙痛折磨的病人拔除了一颗龋齿。

在见识到乙醚的麻醉威力后，莫顿趁热打铁，正式对公众进行了一场乙醚麻醉表演，并顺利地完成了近代历史上第一例病人处于麻醉状态下的手术。

整个麻醉表演大获成功，乙醚这种全身麻醉剂也随即在世界范围内得到了迅速推广。威廉·莫顿名声大噪，被众多医学家视为全身麻醉第一人。

然而，就在莫顿声名鹊起时，他的老师杰克逊坐不住了，他觉得如果没有自己的建议，威廉·莫顿不可能发现乙醚的麻醉作用。于是，昔日感情和睦的师生，为了争夺乙醚麻醉剂的发明专利反目成仇。后来，当他们得知美国国会决定拨款奖励麻醉剂的发明人时，更是争得不可开交，甚至闹到了法院。

乙醚虽然在麻醉剂界出尽了风头，但当时的它也有很多缺点，比如气味难闻、容易引起恶心或呕吐等。为此，医学工作者们又开始寻找新的麻醉剂，并试图改进以前的麻醉方法。于是，氯仿这种具有麻醉作用的气体开始出现在人们面前。1880年，威廉·梅斯文改进了前人的麻醉方法，通过导管把氯仿气体直接输入病人的气管，成功地进行了麻醉。

后来，随着科技的进步，越来越多的麻醉剂开始被用于医学领域。时至今日，它们已经成为现代人类在手术中缓解疼痛的武器。

眼镜：重获清晰世界

眼镜对现代人来说是一种很常见的事物，说不定正阅读这篇文章的你就戴着一副近视眼镜。它的出现使千千万万视力受损者能清楚地看见身边的一草一木、一花一鸟，摆脱“迷雾”的笼罩。

遗憾的是，眼镜产生的来源和历史至今仍无法确定，世界上第一副眼镜是谁发明的也无从考证。让人欣慰的是，越来越多的资料表明，人类早在数千年以前就发现了一个神奇的现

象：用透明水晶或宝石磨成的透镜有放大影像的功能。

公元九世纪，社会上出现了一种由玻璃制成的"阅读石"。那时，人们只需要把它放在纸上，便可放大上面的文本内容。单从功能上看，"阅读石"已经与现代的放大镜没有太大区别，而这也为眼镜的诞生奠定了坚实的基础。

十三世纪中后期，随着人类对光学研究的深入，透镜制造行业迎来了巨大变革。那时，西方已经有不少人对放大镜的工作原理有了科学的认识，其中就包括一位名为培根的英国学者。那时候，培根看到许多人因为视力不好影响阅读，就想发明一种工具，帮助人们解决这个问题。

一天清晨，培根像往日一样来到花园里散步。当他路过一片灌木丛时，不经意间看到了一个因结满水珠而变得晶莹剔透的蜘蛛网。出于好奇，培根停下脚步，仔细观察那个蜘蛛网。透

过这些水珠，他惊奇地发现，蜘蛛网后面的树叶一下子被放大了很多，甚至连细微的叶脉都看得清清楚楚。

这一发现让培根兴奋不已，他连忙跑回家，拿出一个玻璃球放在书上。透过球面，书上的文字果真被放大了，但美中不足的是，文字看起来还是很模糊。

于是，培根来到工作间，用金刚石切割出各种弧度的玻璃片，终于在其中发现了弧度堪称完美的玻璃片。为了避免手拿玻璃片造成镜片污染或割伤手指等问题，他又将加工好的玻璃片嵌在挖了洞的木块上，并装上手柄，做成了一个放大镜，这大概可以算是欧洲最早的眼镜雏形了。

后来，在培根制作的镜片的基础上，欧洲人又发明出可戴式的眼镜，在社会上产生了广泛的影响，甚至当时的一些绘画作品中也开始出现戴眼镜的人物。例如，意大利特雷维索教堂内的一幅绘制于1362年的壁画中，就有一位佩戴眼镜的人物。

与此同时，在遥远的东方，中国（彼时处于元朝）也出现了眼镜的身影。著名的意大利旅行家马可·波罗就曾在关于中国的游记中记载道："我看到那里的很多老年人时常戴着眼镜阅读小字。"

不过，那时的眼镜镜片大多为椭圆形，由水晶、石英、黄玉等磨制而成，镶嵌在龟壳做的镜框里。使用时还得将铜制的眼镜脚卡在鬓角，或用细绳子拴在耳朵上。由此可见，眼镜刚在中国兴起时，其价格可不是一般人能承受得起的，所以，它在很长一段时间里都被人们视为身份、地位的象征。

到了明朝末期，眼镜虽然不再像以前那么罕见，但大都还是从国外进口。当时，苏州地区有一位名为孙云球的仪器制造商，他看见很多有视力问题的百姓因用不起高价眼镜而影响生活，便决定自己磨制镜片，为大家制造一种物美价廉的眼镜。

为此，孙云球开始四处请教，学习研究光学知识。对于采用何种材料充当镜片这个问题，他也下了不少功夫。后来，孙云球通过查阅资料以及做试验，最终选择了天然水晶来磨制镜片。至于磨制技艺，则离不开苏州传统的琢玉工艺。

就这样，孙云球以一己之力开启了苏州自制眼镜的先河。据记载，他磨制的水晶眼镜不仅物美价廉，还能够根据需求者年龄、疾症的不同进行“随目配镜”。

除了常见的远视眼镜和近视眼镜之外，孙云球还制作了千里镜（望远镜）、夕阳镜（太阳镜）、半镜（半圆形老花镜）等其他眼镜。另外，为了让更多有实际需要的人用上眼镜，他还总结自己多年的制镜经验，写了一本名为《镜史》的书。该书详细介绍了制镜的历史、原理和方法，甚至可以被用作指导眼镜制作的专著，帮助各地制镜者制造出符合要求的眼镜镜片。

随着《镜史》的出版以及各地制镜商的出现，中国的眼镜制造业开始快速发展，而眼镜的价格也开始一路走低。到了清代嘉庆年间（1796—1821年），眼镜在中国已经十分普及了。

不过，眼镜在给视力受损者带来方便的同时，也给他们带来了一个小小的烦恼。原因是，早期的眼镜都有一个无法克服的缺点——镜片易碎。后来，即便人们将制作材料从天然水晶换成了光学玻璃，镜片易碎这一毛病仍然存在。为了解决这一问题，人们尝试过很多办法，但效果一直不理想。

到了二十世纪，随着科技的快速发展，越来越多的新材料涌现出来，其中就包括一种名为“亚克力”的高分子材料。这种材料有着水晶一样的透光性，并且韧性惊人，即便遭到破坏也不会像玻璃那样形成锋利的碎片。因此，它一诞生便引起了各国科学家的研究兴趣，

并被率先应用于飞机的挡风玻璃、坦克驾驶室的视野镜等领域。1937年，人类还用这种材料研制出了一种塑料镜片，解决了眼镜镜片易碎的难题。

然而，受限于当时的工艺技术条件，最初的“亚克力”塑料镜片并非十全十美。它虽然不易破碎，但在清晰度上还是不能让人满意。于是，人们又开始寻找新的镜片制造材料。

1954年，法国工程师从制作飞机座舱的材料中受到启发，发明了清晰度高且更为牢固的树脂镜片。从此，它便一跃成为眼镜镜片王国的宠儿，并一直沿用至今。

除了镜片材料不断推陈出新之外，眼镜架也在不断地随着社会发展而发生改变。在过去，眼镜架的制作材料可谓五花八门，不仅有木头、皮革等生活常见材料，还有金、银等贵重金属。

如今，常见的眼镜架制作材料一般为金属、合金、塑料等。并且，眼镜架的形状也随着时代的发展变得丰富多彩，方形、梨形、蝶形、多边形等极具个性的眼镜已经很常见了。

另外，随着眼镜制作工艺的不断进步，传统的框架眼镜也迎来了一个新的“兄弟”——隐形眼镜。这种眼镜又名角膜接触镜，它没有眼镜架，只有两片可以直接贴在眼球角膜上的镜片。

对于视力不佳但又不喜欢传统框架眼镜的人来说，隐形眼镜的出现无疑是一种福音。不过，由于这种眼镜直接与眼球接触，佩戴时要非常小心，否则很容易引起眼部感染。

近年来，随着电子科技的快速发展，人类对眼镜的功能也开始有了更多的要求，希望它不再只是一副能提高使用者视力的普通眼镜。

2012年，美国谷歌公司发布了一款“拓展现实”眼镜——谷歌眼镜。这款眼镜属于一种可穿戴智能电子设备，其前方悬置了一台微型摄像头和一个位于镜框右侧的宽条状的电脑处理器装置。人们戴上它后，不仅可以通过声音控制拍照、视频通话和辨明方向，还能上网冲浪、处理文字信息和电子邮件等。

这款谷歌眼镜虽然没能上市进行大规模销售，但它的出现无疑是人类在未来眼镜制造上的一次伟大尝试。并且，谷歌公司的这一尝试还吸引了一大批科技公司加入智能眼镜研制行列。

2014年，日本索尼公司在一场科技大会上展示了智能眼镜“Smart Eyeglass”的原型产品；2015年，微软公司也紧跟时代潮流，发布了一款名为“Hololens”的全息眼镜。

中国也不甘落后。2020年8月，华为公司发布了一款名为“Eyewear Ⅱ”的智能眼镜。据介绍，该眼镜不仅装有半开放式扬声器，还配备了多传感器交互系统，使用者可以通过滑动眼镜腿、双击镜腿等动作来完成调节音量、切换歌曲、接听电话等操作，像无线充电、蓝牙连接手机等功能更是不在话下。

此外，AR、VR眼镜等高科技眼镜也开始慢慢走进人们的日常生活，说不定再过几年，人们只需戴上一副眼镜就能看到千里之外的风景。

照相机：神奇的时间定格器

古时候，普通人如果想将某个图像长时间地保留下来，往往需要求助于专业的画家。如今，一个没有丝毫绘画技巧的人只需借助一部照相机也能很好地完成上述任务，并且所用时间极短。可以说，照相机就像一个神奇的时间定格器，可以让人们以照片的形式毫不费力地把某个瞬间保留下来。那么，照相机是怎样出现的呢？

据记载，早在十九世纪初，人们就已经开始研制专门的摄影器材了。不过，第一张被保存下来的照片直到1826年才出现，而它的拍摄者便是被后人誉为“照片之父”的法国人约瑟夫·尼埃普斯。

1826年，尼埃普斯又在房子顶楼的工作室里拍摄了世界上第一张能永久保存的照片——《窗外》。同时，这张照片也是人类历史上第一张实景照片。在这张照片上，左边是鸽子笼，中间是仓库屋顶，右边是另一屋的一角。因此，有的人也称其为《鸽子窝》。

这张照片虽然清晰度很低，但拍摄时非常费时费力。据说，当时尼埃普斯将涂有沥青的金属板放在暗箱里，镜头对着窗外持续曝光了8个小时，然后将金属板浸入薰衣草油中冲洗，才得到了这张照片。

尼埃普斯虽然被人们誉为“照片之父”，但世界上第一部有实用价值的照相机并不是他发明的，因为他所采用的摄影装置太过简易且耗时太长。那么，“照相机之父”这顶桂冠到底落在了谁的头上了呢？答案是法国著名的艺术家和发明家达盖尔。

达盖尔出生于1787年，年轻时专注于艺术创作，并成为了一名出色的艺术家。他特别擅长舞台设计和巨幅画绘制。另外，他还喜欢捣鼓一些有趣的小玩意儿，30多岁时就曾研制过一种西洋镜，可产生特殊的光效来展示全景画。在好奇心的驱使下，他对不用画笔与颜料就能自动再现实物景色的装置照相机产生了浓厚兴趣。

1826年，当达盖尔听闻尼埃普斯拍摄出了《窗外》时，他异常兴奋，并开始思索自己是否可以在这位前辈的基础上设计出一种曝光时间更短的照相技术。

这两位醉心于研发照相机的人在1827年碰面了。由于他们俩志趣相投，所以很快就成了好朋友。1829年，达盖尔和尼埃普斯正式开始合作，共同研究新型摄影术。

遗憾的是，当他们二人正合作研究到关键阶段时，尼埃普斯突然因病去世。这件事让达盖尔深受打击，甚至让他一度放弃新型摄影术的研制工作。好在经过一段时间的调整，他最终冷静下来，决定继续进行新型摄影术的研制工作。

后来，达盖尔还在自己的日记中写道："无论发生什么不幸的事，当前的我必须首先考虑不要让事业受到损失。这是我和尼埃普斯的职责，是它把我们俩结合在一起，在任何情况下都必须坚持下去，哪怕是要付出巨大的牺牲。"

在强大信念的支撑下，达盖尔继续在科研之路上默默探索。1837年，他终于发明了更快捷、图像更精美、观看和保存更简易的摄影方法——“达盖尔摄影术”(银版摄影术)。这种摄影法有完整的“显影”与“定影”工艺，可谓奠定了现代摄影的基础。两年后，达盖尔根据新型摄影术，成功发明了世界上第一台真正意义上的照相机。

这台照相机在外观上与现在的照相机有着很大不同。它的体积非常庞大，并且十分笨重，携带起来非常不便。再加上那时还没有电灯，所以要想获得较好的照片效果，必须选择在晴天的中午进行照相。

即便如此，这台照相机的出现在当时依然引起了轰动，因为它将照相曝光时间从昔日的8小时缩短到30分钟以内。

1839年，达盖尔将自己的新型摄影术公布于世。自此以后，“达盖尔摄影术”开始被人们广泛使用，而1839年也被各国的摄影界视为“摄影诞生年”。

第一台实用照相机问世以后，世界各地便开始陆陆续续出现一些造型别致的照相机。1858年，英国一个名叫斯开夫的人研制出一种手枪式的胶板照相机。由于这种照相机镜头上的有效光圈较大，所以相较于其他照相机在使用上要方便很多，只需扳动上面相应的扳机就能实现照相功能。

不过，斯开夫却因为这台照相机差点儿进了监狱。这是怎么回事呢？原来，有一次，维多利亚女王在宫廷召开了一场盛大的宴会，而斯开夫作为新闻记者也应邀出席了这场宴会。由于亲眼目睹女王风采的机会极少，所以斯开夫在宴会上一直想找机会拍一张维多利亚女王的照片。

然而，当他用自己的照相机对准女王准备拍照时，却被周围的警卫扑倒在地。一时之间，其乐融融的宴会秩序大乱。事后，人们才知道，这一切都是斯开夫的相机引起的，因为它的外形很容易让人误以为是武器。

与世界上其他国家相比，照相机进入中国的时间并不算晚。第一次鸦片战争结束后，照相机便传入了中国。由于它能够

真实地记录人的容貌，因此首先被用于拍摄人像。

受当时知识水平的限制，许多中国人盲目地认为拍照就是摄取人的魂魄，这种技术是“收魂摄魄之妖术”。加之女性形象被拍摄、复制、流传并不为当时大多数人所接受，所以摄影技术传进中国数十年一直未能流传开来。直到清朝光绪年间（1875—1908年），照相机才进入皇宫，据说慈禧就尤为喜欢拍照。

进入二十世纪后，随着人类技术的不断进步，照相机的体积开始大幅度缩小，功能也开始变得更为强大。不过，在很长一段时间内，人们用照相机拍完照后，往往需要等上一段时间才能拿到照片，因为那时的照片必须经过专业人员冲洗后才能显现出令人满意的效果。

到了二十世纪四十年代末，人们便不再需要长时间等待了，因为一个名叫兰德的美国人发明了“拍立得”照相机。这种照相机最大的优点就如它的名字一样，拍完照后只需短短几十秒的时间，照片便会从相机内缓缓吐出。刚开始时，拍立得照相机的成像效果并没有多么精美，但它的出现对于那些着急要用照片的人来说，无疑是一件大好事。

据说，兰德发明拍立得照相机的灵感与他的女儿有关。原来，他的女儿是个急性子，每次照完相后都会吵着要立即看看照片效果，而这刚好触动了兰德的发明神经。

1991年，美国柯达公司试制成功世界上第一台数码相机。“你只要按下快门，其他的交给我们。”这是名扬世界的柯达公司充满霸气的口号。早在1976年，柯达公司就研发了数码相机技术，并将这一技术运用于航天领域。

但是柯达公司并没有真正重视数码技术的商业化应用，而是把关注的重点放在了传统的胶卷生意上。拥有先进的技术而不使用，这直接导致了柯达公司后来悲惨的命运。结果，因为全球数码相机市场的高速增长，柯达公司坚守的“胶卷时代”一去不复返。到了二十一世纪初，柯达公司虽然开始尝试启动自己的数码相机业务，但已是无力回天，最终只得申请破产。

如今，在摄影界，数码照相机已经成为当之无愧的王者。

不过，这并不代表着传统照相机不再受人关注。恰恰相反，一些具有纪念意义的老照相机在收藏界还成了人们争相追捧的对象。

时至今日，照相机已经走过了将近200年的发展之路，智能手机让拍照变得更加普通且便捷。不过，对于专业摄影及追求更高摄影品质的人来说，相机依然是无可替代的。未来它会变成什么样子，又会具有哪些令人惊叹的功能，就让我们一起拭目以待吧！

拉链：穿脱就是如此简单

大家对拉链（拉锁）这种东西应该不陌生吧！毕竟很多日常生活用品上都有它的身影，比如旅行箱、挎包、衣服等。与纽扣相比，拉链使用起来非常简单，只需一拉便能轻松打开或关闭某样东西。然而，如此方便的发明出现的时间并不早，其雏形直到十九世纪才问世。

最让人不可思议的是，对拉链的需求，最初竟来自人们穿的长筒靴。原来，在十九世纪中期，西方社会非常流行穿长筒靴，因为它特别适合在泥泞或有牛、马排泄物的道路上行走。不过，这种靴子也有一个明显的缺点，那就是上面有多达20多

个铁钩式纽扣，穿脱起来非常麻烦，以至于很多人穿上长筒靴后一整天都不想脱下来。为了解决这个问题，人们不得不尝试用带、钩和环等配件来取代铁钩式纽扣。也就是从那时起，人们开始了研制拉链的试验。

1851年，美国人伊莱亚斯·豪发明了一个类似拉链的装置并申请了专利。这种装置在一定程度上解决了穿脱长筒靴的麻烦，然而由于种种原因，它最终没能实现商品化。直到1893年，现代拉链的雏形才真正出现，而它的发明者是一位名叫贾德森的美国机械工程师。

据说，贾德森在很早之前就想设计出一种能封闭严实、开合方便的装置，但一直没能找到满意的方案。一天，因生活需要，他前往一家铁匠铺购买铁勺。店主见有客人光顾，便热情地询问对方想要购买什么铁器。

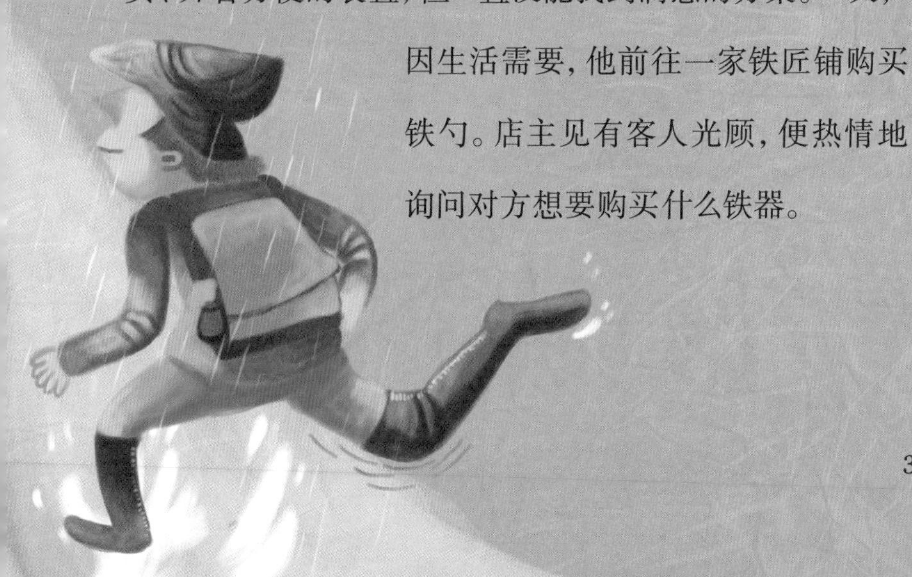

“我想要一把铁勺。”贾德森一边掏出钱币一边回答道。

店主听后，说：“铁勺在我们这多的是。看到那面墙了吗？想要哪一把你自己挑选吧！”

贾德森顺着店主的指向一看，发现这家店铺的铁勺挂得整齐巧妙：一根被架在水平位置的钢筋上吊着上、下两行铁勺，上面的一行是由钢筋直接穿过勺柄孔，而下面的一行是勺柄朝下，通过勺的凹处与上面一行咬合在一起。

这一发现给贾德森带来了意外的收获，紧紧咬合在一起的两行铁勺成了他设想中的拉链雏形，他根据这种咬合原理设计出了拉链装置。

与伊莱亚斯·豪不同，贾德森将自己的发明申请专利后，就一直致力于将其商品化，还专门与人合伙成立了全球滑动式纽扣公司。不过，这种初级拉链并没有流行起来。

1902年，一家生产纽扣和花边的企业对贾德森的发明很感兴趣。于是，他们将专利买下，注册了“扣必妥”商标，开始大规模生产装在鞋上的拉链。可惜的是，这家第一个“吃螃蟹”的公司很快就走上了倒闭之路。

原来，他们生产的“扣必妥”质量非常差，使用时不是拉不上，就是打不开，有时又会突然崩开，令消费者尴尬万分。“扣必妥”没多久便名誉扫地，成了人们眼中的垃圾产品，而生产“扣必妥”的公司也因产品滞销很快倒闭了。

贾德森见自己的发明不能满足用户的需求，也曾不断地尝试完善拉链工艺，但直至他去世也没能取得真正有效的突破。

1913年，瑞典裔美国籍工程师吉德昂·逊德巴克对贾德森的发明进行了改进。他通过在原始拉链牙齿背面设计一套子母牙（把链齿改成一排凹齿，一排凸齿，一个紧套一个），从而使得拉链变得结实可靠且外观上也变得更精细了。

看到这里，很多人会觉得既然改进后的拉链已经可以很好地满足人们的需要了，那它是不是一上市就被抢购一空呢？答案是否定的。

当逊德巴克将自己改进的拉链装在女性服装上进行推广时，当时的女性却怕拉链还会像以前那样自行开裂让自己出丑，纷纷拒绝使用。无奈之下，逊德巴克只得另寻途径推广拉链，但效果一直不怎么理想，以至于他本人都开始有点儿泄气了。

就在逊德巴克为开拓市场愁得睡不着时，事情迎来了转机。那段时间，巴黎协和广场的飞行表演出现意外坠机事故。事故调查小组经过仔细的分析、取证后，发现原来是飞行员在驾机飞行时上衣掉了一颗纽扣，而这颗纽扣又恰巧滚进了飞机的发动机内，结果引发了飞行事故。

这次事故以及调查结果引起了法国当局的高度重视。不久，法国国防部就下令禁止在飞行服装上使用纽扣，其他欧美国家也纷纷效仿。逊德巴克觉得这是拉链取代纽扣的好机会，于是他赶紧与法国国防部联系，表示愿意用最优惠的价格缝制新的飞行员军装，上面可以使用自己改进的拉链。

由于带有拉链的飞行服装穿戴十分方便且安全性很高，所以很快就被法国军方接受。而飞行员穿上有拉链的新军装后，又无形中起到了打广告

的作用，陆军、海军也开始在军服的口袋和裤子的前口处试装拉链。

没想到，这一小小的改动大受将士们欢迎，因为在军服上装拉链可以大大提高军人的穿衣速度。再加上彼时正值第一次世界大战，各国军装使用量极大，拉链因此得到了空前的推广和普及。

第一次世界大战结束后，拉链已经流传到亚洲的一些国家。不过，当拉链初次传入日本时，由于数量稀少，曾一度成为达官贵人们炫耀自己身份的饰品，而普通民众根本没机会使用这种方便的发明。

后来，日本厂商见拉链是一个不错的商机，便纷纷尝试制造拉链。可惜由于生产技术不过关，日本厂商制造的拉链一开始在使用效果方面并不能令消费者满意。

在当时的日本拉链行业，顾客退货、商店存货堆积如山是常有的事。为了改善这一状况，一些日本商人开始改进拉链生产工艺。其中，一个名为吉田忠雄的人在这方面做出了卓越的贡献。他不仅成功地提高了拉链质量，还创办了至今享誉世界的拉链制造公司——“YKK”。

据说，早在二十世纪五十年代末，“YKK”拉链就已经在质量和市场份额上傲视全球了，而它的创始人吉田忠雄也被当时的人们誉为“世界拉链大王”。

至于中国，由于在二十世纪初工业基础薄弱，所以直到三十年代，才在上海陆陆续续出现了一些中小型拉链厂，但产量十分低下。中华人民共和国成立后，随着国内工业技术的进步，拉链产业也开始快速发展起来。尤其是在1978年改革开放后，中国的拉链年产量可谓节节攀升。时至今日，中国已经成为全球最大的拉链制造国和出口国。

说起拉链的使用，这里面也隐藏着许多小常识和科学小秘密呢。你一定遇到过这样的事：当我们的衣服、箱包或其他日用品上的拉链（拉锁）使用起来非常费力时，有经验的长辈常常会找来一支蜡烛在拉链的链齿上来回摩擦几遍。结果，大多数的拉链会立即变得顺滑起来。你知道这是为什么吗？

原来，普通拉链经过长时间使用后，往往会因氧化导致齿与齿、齿与扣之间的摩擦力变大，从而变得非常难拉。这时，只要用蜡烛在拉链的链齿上来回摩擦几遍，蜡烛成分中的石蜡便能凭借自身的润滑特质让拉链重新变得顺滑。

另外，用蜡烛涂抹拉链还能在拉链上形成一层保护膜，从而延长它的使用寿命。从某种程度上来看，拉链与蜡烛还真是一对天生的好搭档。

拉链这一小小的看似不起眼的发明，自诞生至今已过百年，而其应用范围也早已不再局限于靴子、军装、箱包了。

近年来，随着科学技术的不断进步，科学家们研发出了一些让人不可思议的拉链，比如在当前医疗领域非常流行的医用拉链。

很多人都知道，以前的医生在做完外科手术后都是用医用缝线来缝合切口，这样做不仅恢复速度一般，而且愈后还经常会留下明显的疤痕。为此，人们便发明了一种新型医用拉链——免缝医用皮肤拉链，来闭合皮肤上的切口。这种医用拉链可以粘在人体皮肤上，像使用普通拉链那样将伤口两侧组织拼接在一起，从而使伤口愈合。

总之，拉链虽小，但用途很大，如今的它们依然凭借着顽强的生命力和便利性创造着一个又一个奇迹。

味精：鲜味的秘密

日常生活中，人们为了让饭菜吃起来更加美味，会往里面添加一些调味品。其中，味精是很多家庭厨房里的必备之物。即便是一些家庭常用的复合调味品，里面也大多含有味精。为什么人们会对这种调味品情有独钟呢？原来，味精可以有效地提高菜肴的鲜味。

科学研究表明，味精的鲜度极高，即便人们将其溶解于3000倍的水中，仍能感觉到鲜味。不过，它的鲜味一般只有与食盐并存时才能显出，因此生活中那些无食盐的菜肴里（如甜味菜品）无须放味精。

另外，相关实验还表明，味精的浓度与鲜味之间存在着一个峰值，也就是说，如果味精浓度过低，鲜味会不强，但味精浓度过高，鲜味则会下降。

味精之所以能提鲜，原因在于它的主要成分是一种名为谷氨酸钠的化学物质。这种化学物质最初是由德国的一位化学家于十九世纪后半叶发现的，当时还被一些科学家命名为“第二蛋白质”。然而，谷氨酸钠的最初发现者并没有意识到这种物质的巨大商业价值，使得这么好的研究成果被束之高阁。直到二十世纪初，一位日本科学家的偶然发现，才让谷氨酸钠真正走进了人们的视野。

那是1908年的一天傍晚，日本东京帝国大学的化学教授池田菊苗结束工作后，像往常一样回家准备吃晚餐。由于当天的工作进展得很顺利，池田菊苗的心情特别舒畅。当妻子端上一碗黄瓜海带汤时，他一反往常的快节奏饮食习惯，有滋有味地慢慢品尝起来。谁知这一品，池田菊苗发现今天的汤味道竟异常鲜美。

“今天的汤怎么尝起来这么鲜？你往里面加了什么？”池田菊苗一脸惊奇地问妻子。

妻子笑着回答：“这就是普通的黄瓜海带汤，可能因为你太饿了，才觉得吃什么都有滋味。”

“也许吧！”池田菊苗一边回答一边继续品尝汤，可是他脑子里还是有一个疑问：普通的海带和黄瓜怎么会有这样的鲜味？于是，他又问妻子汤里面是否添加了特殊的作料。在得到否定答案后，职业的敏感让这位化学教授立即对普普通通的黄瓜海带汤产生了浓厚的兴趣。

当晚，池田菊苗又让妻子做了几个黄瓜与其他蔬菜一起做的汤，他很仔细地进行了一一品尝。最后，他发现只有黄瓜海带汤异常鲜美。“看来鲜味与海带之间存在着某种联系。”池田菊苗自言自语。第二天，池田菊苗便带着一些海带，跑到自己的实验室细细研究起来，而这一研究，就是半年。

半年后，池田菊苗公开发表了他的研究成果：从海带中可以提取出一种名为谷氨酸钠的化学物质，并且只要把极少量的谷氨酸钠加到汤里，就能使汤的味道尝起来更鲜美。

一位名叫铃木三郎助的日本商人看到这一研究成果后，立刻联系池田菊苗，想与他携手进行商业化操作，把谷氨酸钠送进千家万户。不过，池田菊苗告诉铃木三郎助，从海带中提取谷氨酸钠作为商品出售不够现实，因为每10千克的海带中只能提取出0.2克谷氨酸钠。

铃木三郎助作为一位精明的商人，早已从谷氨酸钠中嗅到

了商机。他深知这种新发现的化学物质有着巨大的商业价值，便建议池田菊苗从其他方向入手，看能不能找到大量生产谷氨酸钠的方法。两人通力合作，继续研究摸索，很快发现在大豆和小麦的蛋白质里也含有这种物质，利用这些廉价的原料也许可以大量生产谷氨酸钠。

1909年，一种叫“味之素”的商品出现在东京浅草的一家店铺里，它便是池田菊苗与铃木三郎助合作研究的成果。当时，味之素的广告更是吸引人——“家有味之素，白水变鸡汁”。由于味之素在增加鲜味方面效果显著，一时间，人们争相购买这种调料。

谷氨酸钠以味之素的身份实现商品化后，很快就风靡世界。中国百姓的餐桌上也很快出现了这种新型调味品。不过，由于中国市场上没有什么调料能与味之素相抗衡，结果味之素在中国的价格完全被日本厂商垄断。这种现象引起了一位中国人的担忧，他便是后来被人们誉为“中国味精大王”的吴蕴初。

二十世纪二十年代初，吴蕴初在上海经营一家牛皮胶厂时，见味之素充斥大街小巷，便萌生了制作中国自己的味之素的想法。吴蕴初是化学专业出身，经过一段时间的研究，他独创了一种廉价的、可批量生产谷氨酸钠的方法——面筋水解法。

1923年，条件成熟后吴蕴初便与人合作创办了一家工厂，专门生产谷氨酸钠。为了与日本的味之素进行区别，他给自己的产品起名“味精”。据说，取这个名字的灵感与当时人们的一个习惯有关。那时，中国老百姓对很多外国商品不太熟悉，往往会根据自己的理解给它们起一个本土化的名字。例如，甜味剂邻苯甲酰磺酰亚胺因味道似糖且极甜，被人们叫作糖精。于是，能让菜肴味道鲜美的调味品就顺理成章地被称为味精。自那以后，味精在中国就成了谷氨酸钠的另一个俗名。

随后，吴蕴初向英、美、法等化学工业发达的国家申请了味精的专利，并获得了批准。这也是中国境内首例申请国际专利的化工产品。

随着人们生活水平的提高，味精开始步入千家万户。在它变得家喻户晓的同时，也吸引了许多科学家的兴趣。

1970年，美国科学家在一次实验中，采用皮下注射的方式，连续10天把味精溶液注入一群刚出生的老鼠体内，结果发现这群实验鼠长大后变得非常肥胖。此外，与另一群健康的老鼠相比，这些实验鼠体内较大型的细胞对于肾上腺素的脂解作用反应特别差，但是对胰岛素的抗脂解作用反应特别厉害。

据此，负责研究的专家认为，味精可能会造成肥胖症，原因是味精改变了细胞对肾上腺素及胰岛素的反应。后来，随着一些社会媒体对某些味精安全性研究的相关成果肆意进行不实的宣传，味精这个昔日的提鲜法宝在部分百姓心中的地位一落千丈。时至今日，还是有人坚决反对食用味精，他们觉得味精除了可以增加菜肴的鲜味外，毫无营养可言，长时间食用甚至会致癌。那么，味精真的对人体有那么大的伤害吗？

其实，这个问题早已有了答案。科学研究表明，味精中的谷氨酸钠进入人体后可以完全被消化吸收，不会发生沉积，并且它还具有一定的补脑和护肝作用。

至于谷氨酸钠在高温下会变成致癌物质的说法更是无稽之谈。谷氨酸钠在220℃以上时的确会变成焦谷氨酸钠，但是它并没有致癌性，只是不像谷氨酸钠那样有鲜味罢了。所以，按照当前的使用方法和使用量，长期食用味精对人体健康没有任何危害。

从一碗黄瓜海带汤到如今家家户户厨房里常备的调味品，味精的历史不过百年，但它一出场便迅速成为鲜味调味品界的“国王”。如今，随着现代人越来越崇尚自然饮食，使用味精的次数变得越来越少。不过，有一点可以确定，在未来很长一段时间里，味精依然会被人们视为提鲜的法宝。

空调：局部气候掌控者

如今，每逢炎炎夏日，拥有空调、Wi-Fi（无线通信技术）、西瓜是很多人的理想休息模式。其中，空调更是被很多怕热的人视为“夏天救命神器”。当然，到了寒冷的冬季，空调又会成为很多家庭取暖的必备电器。所以，在某种程度上，空调完全称得上是局部气候的掌控者。那么，如此方便的电器是怎样被发明出来的呢？这一切还得从100多年前说起。

1901年夏天，美国纽约市像往年一样，空气湿热，酷暑难耐。很多人为了躲避高温，纷纷待在家里休息，而一些工厂因业务需要依然在拼命运转。不过，其中有两家工厂在运转期间遇到了棘手的难题，以至于生产效率大大降低，这两家工厂是纽约市的一家印刷厂和一家纺织厂。前者由于空气湿热导致印刷过程中出现了油墨不干、纸张发胀、颜料渗漏、印刷模糊等问题；而后者因厂房内湿度控制不好，时常产生静电，致使棉纤维断裂，影响布匹的生产质量。

当时，两家工厂都没能力解决自己的问题，于是不得不寻求他人帮助。最后，两家工厂不约而同地找了同一家生产供暖系统的公司，希望该公司能提供一种可调节空气温度和湿度的设备。

该公司收到两家工厂的请求后，便将这项任务交给了一位年轻的机械工程师——威利斯·开利。当时，开利虽然大学毕业没多久，但他的工作能力已经相当优秀，此前就曾因改进供暖盘管为公司节省了一大笔开销。

在充分研究客户需求后，开利觉得最好的解决办法是研制一种空气调节系统。这种装置乍一听很“高大上”，但实际上早在约1000年前，波斯人就已经发明过一种简易版的空气调节系

统。当时，人们是利用安装在屋顶的风杆，使外面的自然风穿过凉水后吹入室内，令室内变得湿冷、凉快。

既然有了大致思路，接下来便是拟定具体的解决方案了。没多久，聪明的开利就找到了给空气降温的方法。然而，降温后的空气在湿度方面依然无法满足需要。

到底怎样做才能精准地控制空气的湿度呢？开利像以前的研究人员一样，遇到了一个棘手又不可避免的难题。为了解决这个难题，他日夜不停地思考，有时甚至在睡觉期间都会梦到相关情景。

直到有一天，开利经过雾气环绕的火车站（那时的火车都是蒸汽火车）时，灵感乍现，最终借助喷雾器原理解决了空气湿度的控制难题。

1902年7月，开利为印刷厂安装了自己研制的设备，这是世界上第一台真正意义上的空气调节系统，也是“空调”一词的由来。由于空调在控制空气温度和湿度方面有着不错的效果，于是很快被应用于其他行业，如纺织业、化工业、制药业等。1906年，开利以“空气处理仪”为名为空调申请了美国专利，他也被人们尊称为“空调之父”。

1907年，美国正式向国外出口了第一台空调，买家是日本的一家丝绸厂。自那以后，空调的身影开始出现在世界各地。有意思的是，在空调诞生后的很长一段时间里，其服务对象一直是机器，而不是人类。

1915年，随着业务量的拓展，开利与朋友合作成立了一家制造空调的开利公司。1922年，开利公司研制成功了在空调史上具有里程碑意义的产品——离心式空调机。它最大的特点是效率高，可以在大空间内快速调节空气。

离心式空调机出现以后，其使用场景依然大多在工业领域。也就是说，享受空调的主要对象仍然不是人类。为了改变这种状况，让更多人知道空调的存在，开利打算选择一家公司作为推广空调的市场切入点。于是，一场前所未有的营销方式出现了。

1924年的夏天，美国底特律像往年一样骄阳似火。彼时，在著名的哈德逊百货公司的地下商场里，正举行一场定期的甩卖会。一开始来的顾客并不多，因为在以往的这个时候，闷热的空气致使顾客晕倒的事情频频发生，待在那儿简直就是活受罪。可是这一天，踏入商场的顾客却感受到了前所未有的凉爽。原来，商场安装了3台离心式空调。空调启动没多久商场便变得清凉起来。就这样，往年夏季客源稀少的地下商场竟开始天天人满为患，原本处于淡季的商场营业额也奇迹般地一路飙升。

周边其他商场得知消息后，纷纷派人前来一探究竟。当得知空调是哈德逊百货公司地下商场生意火爆的原因后，其他商家开始大力在商场中安装空调。从此，空调成了商家吸引顾客的利器。

通过大型商场来推广空调虽然不失为一个好办法，但是仅靠这种方式还不足以使空调真正大规模普及。于是，开利公司又把目光瞄向了影剧院。

为什么是影剧院呢？原来，当时的影剧院是人们经常光顾的娱乐场所之一。不过，每到夏天，由于天气太热，影剧院要么选择停业，要么因观众太少而亏损。观众在夏天其实也想进影剧院娱乐，无奈里面温度太高，毕竟没人乐意花钱买罪受。正是因为看到了影剧院的这个“痛点”，开利才决定在影

剧院推广空调。

1925年夏天，开利与纽约市最著名的里瓦利大剧院联手策划了一个活动，声称该剧院在炎夏依然正常营业，并打出保证顾客“情感与感官双重享受”的诱人口号。

活动开始的第一天，大剧院门外人山人海，心存疑虑的人们还是在怀里揣着一把扇子以防万一。可是，当他们在跨入剧院大门的那一刻，便被那瞬间的清凉彻底征服。当观众们离开大剧院时，纷纷称赞空调的神奇功能，空调的好口碑一传十、十传百地在市民中传播开来。开利联合大剧院进行的营销策划活动取得了圆满成功，从此空调进入了快速发展的阶段。

在先后攻占了工厂和商场的市场后，开利开始尝试让空调进入家庭领域。1928年，他的公司率先推出了第一代家用空调。可惜的是，由于造价太高、个头太大等原因，家用空调的销量并不好。再加上随之而来的经济大萧条和接踵而至的第二次世界大战，家用空调的推广被打断。直到二十世纪五十年代，战后各国经济开始复苏，家用空调才真正走进千家万户。

不过，空调的大量使用曾一度引起很多环保人士的担忧。因为在过去，空调要想实现快速制冷，常常会使用一种名为氟利昂的制冷剂。

这种制冷剂一旦被排放到大气中，会严重破坏地球的臭氧层，进而导致地球上的生物受到紫外线的伤害。另外，氟利昂还是一种温室气体，其温室效应是二氧化碳的数千倍乃至数万倍。

进入二十一世纪以后，氟利昂开始被各国禁止使用，空调行业因此在环境保护方面迈出了重要的一步，开始使用一些对臭氧层无害的制冷剂。

近年来，随着移动互联网的快速发展，空调逐渐变得更加智能。如今的空调不仅可以实现语音远程操控，还能精准地控制空间温度、湿度、空气洁净度等。有的空调在吹风时，甚至能自动识别室内温度与人群分布位置，从而选择最佳的出风方向。另外，空调吹出来的风也越来越贴近柔和的自然风。总之，现代的空调俨然成了一个贴心管家，能帮人们创造出一个舒适的局部气候。

然而，空调在给人们创造舒适环境的同时，也会给部分人带来一个意想不到的困扰——吹空调会让人发胖。这听起来是不是有些匪夷所思？吹空调与发胖明明是两件八竿子打不着的事情，它们怎么可能会扯到一起？但事实确实如此，因为温度过于舒适，人体会减少由出汗和发抖引起的热量消耗，进而可能会导致肥胖的发生率上升。

这种说法初听起来会觉得有些牵强附会，不过仔细想想，其实很容易理解。在空调的庇护下，即使天气再热、气温再高，我们也仍然可以待在凉爽的室内，而这样舒适的环境是不是让人食欲大增呢？反之，如果我们在学校和家里备受“煎熬”，那即使满桌的美食摆在面前，人也可能毫无食欲。所以，大家在享受吹空调时，千万不要太贪嘴，不然就有可能会变成小胖墩噢！

青霉素：“细菌终结者”

如果你经常观看一些有关中国抗日战争的影视剧，应该会对“盘尼西林”这个词不陌生。它是抗日战争时期一种十分珍贵的药品，在控制伤口感染上有着神奇的作用。倘若没有它，当时成千上万的抗日救国战士将会失去生命。但是，很多人不知道，“盘尼西林”只是一个英文译音，其真正的汉语名称为“青霉素”。

青霉素类的药品虽然是现代人发明的，但这并不代表古人从未接触过青霉素这种物质。早在中国唐代，长安城的裁缝就懂得把长有绿毛的糨糊涂在被剪刀划破的手指上来帮助伤口愈合。但他们并不知道绿毛为什么会有这样的威力。其实这些绿毛中就含有青霉素，只不过那时候人们还没有发现。

直到二十世纪，青霉素才开始进入科学家们的视野。它的出现开创了用抗生素治疗疾病的新纪元，可谁会想到，青霉素的发现其实是一次美丽的失误！要想了解这一切，我们必须先认识一个人，他就是著名的英国细菌学家亚历山大·弗莱明。

弗莱明出生于苏格兰艾尔郡，年轻时就读于英国伦敦大学圣玛丽医学院。第一次世界大战期间，他曾作为一名军医，负责研究重伤员的伤口感染问题。当时，医生们处理伤口感染的常见做法是向伤口注入各种化学抗菌物质，然而这样做效果并不好，有时化学抗菌物质对人体细胞造成的损伤比原先细菌感染造成的损伤还要大。这次从医经历让弗莱明深刻意识到，要想解决细菌感染这一难题，必须依靠一些既能杀菌又几乎不会对人体细胞造成额外伤害的物质。

第一次世界大战结束以后，弗莱明又回到了圣玛丽医学院研究抗菌学。在强烈的责任感的驱使下，他夜以继日地研究、试验。没过几年，他便从生物体的分泌液中发现了一种可以杀灭部分细菌的物质，并将其命名为“溶菌酶”。

不过，弗莱明没有止步于此，他觉得这个世界上应该还存在比溶菌酶更厉害的物质，这种物质甚至可以杀死绝大部分细菌而不损伤人体细胞。于是，弗莱明继续探索。

1928年，弗莱明已成为圣玛丽医学院的一名教授。当时，他正在一间简陋的实验室里研究葡萄球菌，希望找到杀灭葡萄球菌的理想药物。然而，时间一天天过去了，弗莱明试验了一次又一次，始终没能得到满意的结果。

秋季的一天，弗莱明像平时一样早早地来到了实验室，结果不经意间发现在一个培养细菌用的琼脂上附着了一层青绿色的霉菌。

起初，弗莱明对此并没有太在意，他觉得那只是从楼上的一位研究青霉菌的学者的窗口飘落下来的实验材料罢了。不过，细心的弗莱明还是用显微镜仔细观察了一番。没想到，这一看让他大吃一惊。在那个青霉菌的旁边，葡萄球菌全被杀死了。

“为什么青霉菌可以杀死葡萄球菌呢？”弗莱明带着疑问开始研究青霉菌。没过多久，“作案凶手”便浮出了水面。原来，青霉菌会产生一种特殊的活性物质，而这种物质可以在几小时内将自己所触及的葡萄球菌全部杀死。

由于这种物质最初是通过青霉菌分离得来的，弗莱明便将其命名为青霉素。后来，他又通过多次试验，证明了青霉素不仅可以杀死多种病菌，而且它本身几乎不会对人体造成伤害。这正是弗莱明梦寐以求的东西啊！

但是，要想将青霉素用于临床治病还有一个重要的问题必须解决，那就是提纯。可惜的是，弗莱明的专长是细菌学，加上当时人类的纯化技术不高，导致青霉素在被发现后很长一段时间内都没有取得突破性的进展。

直到大约10年后，青霉素的研究成果才开始被其他科学家关注。其中，德国生化学家恩斯特·钱恩和澳大利亚病理学家瓦尔特·弗洛里在推动青霉素发展方面做出的贡献最为突出。1938年，他们从某些科研杂志上得知了弗莱明研究青霉素的事，便决定尝试提纯这种新发现的物质。

1940年，钱恩终于成功提炼出一些较纯的可用于肌肉注射的青霉素。为了验证这种物质是否真的可以治疗人类疾病，他还将提纯后的青霉素应用到了临床。

据说，当时第一个试用青霉素的病人是个警察。当时他的头部、脸部以及肺部都受到了严重的细菌感染，可以说是病入膏肓了。起初，钱恩给这个病人使用青霉素只是抱着死马当作活马医的态度，结果患者接受治疗几天后，病情大为好转。这给了钱恩极大的信心。然而天不遂人愿，由于当时青霉素的量实在是太少了，即便病人尿液中的青霉素都被分离回收利用，病人最终还是死于血液中卷土重来的致命细菌。

钱恩初次将青霉素用于临床治疗时虽然没能挽救病人的性命，但是他的试验无疑向人们证明青霉素的确具有较好的杀菌作用。接下来，科学家们要做的事情便是寻找一种能够大量提纯青霉素的方法，而这个任务落在了瓦尔特·弗洛里的身上。

1941年，弗洛里在美国军方的协助下，从飞行员自各国机场带回来的泥土中分离出菌种，使青霉素的产量从每立方厘米2单位提高到了40单位。

又一次偶然的机会，弗洛里从一只长绿毛的烂西瓜中取下了一点绿霉培养菌种。让他欣喜若狂的是，从这里得到的青霉素产量竟然猛增到每立方厘米200单位。这下青霉素的产量得到了极大的提升！

当青霉素正式进入商业化生产时，第二次世界大战已经进行到了后半段。彼时，以中国、美国、苏联等为首的反法西斯力量正与以日本、德国等为首的法西斯邪恶势力缠斗。战争前线环境险恶，伤员们在消毒条件简陋的环境下，随时都有丧命的危险。而青霉素类药品的横空出世，在控制伤口感染方面大显神威，挽救了无数的生命，士兵们称它为“有魔力的子弹”。

到1945年战争结束时，青霉素的使用已经遍及全世界。同年，弗莱明、钱恩和弗洛里三人因发现青霉素及其在临床中对抗感染性疾病的研究成就获得了诺贝尔生理学或医学奖。

后来，随着人们对青霉素研究的深入，其杀菌而不伤人的秘密也被公之于众。原来，青霉素能使病菌细胞壁的合成发生障碍，从而有效地杀死病菌，而人类身体中的细胞由于只有细胞膜而没有细胞壁，所以不怎么惧怕青霉素。

不过，常言道“是药三分毒”，青霉素虽然是一种安全有效的药物，但是少部分人由于自身原因依然会对它产生过敏反应。如果这类人注射了青霉素（即便量非常少），其身体很有可能会出现皮疹、荨麻疹、皮炎、发热等症状，过敏严重的人会出现休克症状，甚至死亡。

因此，为了防止过敏反应的发生，特别是严重过敏反应的发生，医生们在给患者使用青霉素前，往往要进行皮肤敏感试验，确认安全后再使用。

如今，经过多年的发展，青霉素类药品已成长为医药界的“大家族”，在临床实践中得到了广泛应用，每年都能挽救成千上万人的生命。并且，随着人类生产技术的不断进步，青霉素的质量也越来越高，甚至还出现了一些可以直接口服的种类。

然而，由于长时间以来人们大量滥用青霉素（比如低剂量长期使用），致使许多病菌对它产生了耐药性。

在青霉素刚开始大量用于临床时，一个病人每次所需注射的青霉素量只有20万单位。但是，到了二十世纪九十年代，要想达到以往的治疗效果，一个病人每一次注射青霉素需要达到80万～100万单位，用量增加了近5倍。而这还是在青霉素质量大大提升的情况下所增加的用药量。倘若现在人类使用的青霉素还是几十年前的那种，估计用药量更是大得惊人。因此，我们在非必要的情况下尽量不要使用青霉素。

当然，科学家们也在想办法研制合成更多的青霉素衍生物来应对病菌所产生的耐药性。这将是一场人类与病菌的较量，至于结果怎样，让我们拭目以待。

方便面：风靡全球的美味

相信大家对方便面这种快餐类面制食品应该不陌生，毕竟在今天的大多数超市里都有它们的身影。与日常生活中常见的面食相比，它们虽然营养价值不高，但凭借着简单方便的特点在饮食界站稳了脚跟，成为很多人外出旅行或工作时的必备之物。

从时间上来看，方便面虽然直到二十世纪才真正出现，但细究起来，其历史最早可追溯到十八世纪。早在清朝乾隆年间，中国便出现了一种与现代方便面相似的伊面。伊面又称伊府面，相传是由曾任惠州和扬州知府的书法名家伊秉绶的家厨偶然创制的。

据说当时的厨师本打算做一种鸡蛋面，谁知后来一时疏忽将煮熟的鸡蛋面放入了沸油锅中。因为客人等着用餐，重做已经来不及了，厨师只好将错就错，把油炸过的鸡蛋面捞出来佐以高汤上桌。

谁知宾客们吃过后都赞不绝口，于是这道美食就此流传了下来，并被后人起名为伊面。由于伊面与现代方便面很相似，所以它又被很多人称为“方便面的鼻祖”。

当然，“方便面的鼻祖”毕竟不是方便面本身。那么，现代方便面的发明者到底是谁呢？他就是日本日清食品公司的创始人安藤百福。

安藤百福出生于中国台湾省，早年曾在台湾做针织品生意。1933年，他开始到日本经商。第二次世界大战爆发后，他原本的生意受到了极大的影响，甚至到了破产的边缘。第二次世界大战结束后，由于人们对食物需求的大大提升，安藤百福开始从事营养食品的研究，并于1948年创立了中交总社食品公司。

当时，他利用高温、高压将炖熟的牛、鸡骨头中的浓汁抽出，制成了一种营养补剂。这种营养补剂物美价廉，一上市就深得百姓喜爱。另外，这种营养补剂的生产也为日后方便面调料的研制奠定了基础。

但就在安藤百福的事业蒸蒸日上之时，一场突如其来的变故出现了。1957年，他担任理事长的信用社意外破产，由于信用社属于无限责任公司，安藤百福不得不变卖自己经营的其他产业来抵债。年近半百的他几乎赔光了所有财产。

然而，安藤百福是一个意志坚定、永不服输的人，虽然事业受到重创，但他创业的雄心仍在。为了东山再起，他开始寻找新的商机。

1957年冬天，安藤百福在经过一家拉面馆时，看到很多人为了吃上一口拉面，顶着寒风排起了长队。这个场景深深地触动了安藤百福，他觉得如果能研制出一种只需简单快速冲泡后就能食用的拉面，肯定会大卖。于是，研制方便面的想法频频在他的脑海中闪现。从此，安藤百福开始了与方便面几十年的不解之缘。

1958年春天，安藤百福在大阪自家住宅的后院建了一间简陋小屋充当方便面研究室。为了省事，他还找来了一台旧的制面机，买了一个大炒锅以及面粉、食用油等原料。从那时起，安藤百福开始了有关方便面的种种实验。

当时，他设想的方便面很简单，就是一种只需加入热水就能很快食用的速食拉面。为此，他还给这种速食拉面预设了几个目标，比如味道好吃且久吃不厌，食用方便、无需烹饪，价格亲民等。而其中最重要、最关键的目标是要让这种面既能长久保存不变质，又能在冲泡时快速恢复面条该有的弹性和口感。

由于安藤百福以前从未做过此类尝试，所以在刚开始研究方便面时没少走弯路，甚至连制面机都不能熟练使用。直到有一天吃饭时，安藤百福看到妻子做了一道可口的天妇罗（日本传统油炸食品），他从中受到启发，找到了制作方便面的诀窍——油炸。

原来，面是用水调和的，而在油炸过程中水分会散发，所以油炸

面制食品的表层会有无数的洞眼，加入开水后，就像海绵吸水一样，面能够很快变软。如此一来，先将面条浸在汤汁中使之着味，然后油炸使之干燥，就制出了既能保存很久又可开水冲泡的方便面。这种做法被他称作“瞬间热油干燥法”。

方便面的面饼问题解决后，接下来便是调味料的搭配问题了。众所周知，在饮食界，特别是面食领域，调料使用是否得当是影响面食味道的一个重要因素。因此，安藤百福对方便面汤料包的研制工作十分看重，但他一直没有下定决心选用何种汤料。当时，在安藤百福家散养着很多只鸡，家里的人也常常杀鸡做鸡汤喝。

有一天，安藤百福像往常一样在家中杀鸡，准备做鸡汤。他的儿子出于好奇，便站在一旁观看。谁知由于靠得太近，杀鸡时的鸡血一下子溅到了儿子身上。这下可把儿子吓坏了，从此以后，安藤百福的儿子不敢再吃任何鸡肉料理。不过，对于鸡骨汤，儿子依然喜爱有加。

于是，安藤百福决定将方便面的首个汤料包定为鸡骨汤。为此，他还在家亲自尝试了一番，结果发现鸡汤味的方便面确实好吃。

1958年8月，世界上第一份方便面——鸡汤拉面，正式上市了。从当时的物价水平来看，鸡汤拉面的定价有些高，但由于味道鲜美、食用简便快捷，还是很快打开了销路。

到了1961年，这种方便面的销量已经超过了1亿份。另外，巨大的商业需求也催生了上百家方便面生产商。不过，在方便面成为时代宠儿的同时，一些厂商为了获得更多的利益开始偷工减料。

安藤百福得知这个情况后，意识到必须规范市场才能维护方便面这一新食品的名誉。所以，他在1962年申请制作方便面的专利，并据此向其他方便面生产商发出警告。不过，后来安藤百福为了把整个方便面行业做大，让其价格更亲民，还是将专利转让给了业界。正是这种严谨的态度和长远的目光，使得他创立的日清食品公司迅速成长起来。

1965年，安藤百福在工作期间偶然听到“有人吃了方便面中毒”的消息。这让他大吃一惊，于是赶紧找人查明真相，最后发现原来是因为制作方便面时，油温太低，再加上方便面放置时间过长，致使面饼上出现了大量细菌。

这件事给安藤百福上了一课，也让他做了一个重大决定：日清食品公司生产的全部商品都必须标明制造日期。大家可能有所不知，在安藤百福这样做之前，世界上还没有人给食品专门标注生产日期。他的这种做法得到了业界认可，并被世界各国纳入了食品卫生法进行推广。

安藤百福发明方便面并借此在日本占据绝对市场地位后，开始将目光投向全球。为了拓展海外商机，他时常出国参加商品展览会。会场中，安藤百福看到不擅于使用筷子与泡面大碗的西方人将干面分成两半，放进一次性纸杯中用热水一泡，就用叉子吃了起来。在坐飞机时，安藤百福又注意到，飞机上为西方人准备的便餐中大多配有装着果仁点心

的铝制杯子。

这些所见所闻使他的脑海中浮现出要生产"杯面"的想法。1971年9月，杯面正式上市销售。然而，这种新型方便面在日本试卖时，却被泼了一盆冷水。原来，当时的杯面价格相较于袋装方便面的价格，显得有些昂贵，再加上食用方式与传统的面食有着很大的不同，杯面在日本的销量一开始并不好，购买人群也仅限于夜间值勤人员。

为了改变这种局面，安藤百福与商业繁华地区的商家合作，大搞促销活动，创下了4小时卖出20000份杯面的纪录。正是通过这样的方式，杯面才开始被日本人慢慢接受。

2000年，日本的一个民意调查显示，方便面被认为是日本二十世纪最重要的发明。如今，方便面家族除了杯面之外，还多了一些新成员，口味更是种类繁多。

随着人们生活节奏的加快，方便面这一发明可能还会继续存在很长一段时间。至于未来的方便面会变成什么样，那就让我们拭目以待吧！

炸药：山崩地裂的能量

许多人对炸药存在着很大的偏见，认为它只会给人类带来死亡和灾难。关于这一点，如果仅从战争方面来看，炸药确实不怎么讨人喜欢。但是，大家不要忘了，炸药除了用于军事之外，还为采矿、土木工程、铁路建设等利国利民的事业提供了便利。如果没有炸药，人类社会的发展速度将会受到很大影响。那么，炸药这种威力巨大的发明是怎样一步步实现的呢？

其实，要想了解炸药的前世今生，我们就不得不提及火药。众所周知，火药是中国古代的四大发明之一，不过其诞生历程可谓“有意栽花花不开，无心插柳柳成荫”。

中国古代的一些帝王贵族沉醉于长生不老的幻想，他们常常驱使一些方士、道士炼“仙丹”。在炼制过程中，方士或道士们往往会尝试各种各样的“仙丹”配方，有的配方中就含有硝石、硫磺和木炭这三种原材料。古人一开始并不知这三样东西有个特点，即按一定比例混合后，在高温条件下会发生燃烧，处于密闭空间内时，很容易发生危险。所以，古人在炼制丹药时偶尔会出现丹炉失火、爆炸等事故。结果，“仙丹”虽从未炼成过，中国古人们却歪打正着地逐渐掌握了火药配方。

到了晚唐时期，火药正式出现，并开始被用于各类领域，其中最为人们熟知的便是它在烟花爆竹制作时的应用。当然，火药在军事领域也

开始崭露头角。据北宋的军事著作《武经总要》记载，当时人们已经掌握了数种火药配方并研制出了很多相关火器，比如火箭、火炮、蒺藜火球、毒药烟球等。

十三世纪前后，火药开始传入阿拉伯地区和欧洲地区，很快被应用于战争。不过，由于传统火药需要明火点燃，爆炸威力也有限，所以西方人开始改进火药配方，最终研制出了颗粒状火药（之前火药一般为粉末状）。

火药性能的提升，大大加快了西方人对火器的研发速度，尤其是对火枪的改进。火枪诞生于中国宋代，但碍于种种原因，一直发展缓慢。到了明朝中后期，中国的火枪技术已经开始落后于西方。

清代康熙年间，火枪已经在欧洲军事上得到了普遍应用，相继出现了技术更为先进的火绳枪、燧发枪。而当时的中国，由于清政府的保守与妄自尊大，没能及时吸收世界先进文化和科学技术，导致和世界脱轨，开始慢慢地落后于世界。

十七世纪后期，清政府在与俄军进行雅克萨之战期间，曾遇到俄军的顽强抵抗。当时，俄军凭借火枪给清军造成了不小的伤亡。最后，清军不得不依靠远距离的大炮优势才取胜。然而，极具讽刺意味的是，当清军把缴获的俄军火枪献给康熙皇帝时，康熙以不得中断祖宗所授的弓箭长矛传统技艺为由，禁止清军使用这种新式火枪，仅留下两支供自己把玩。

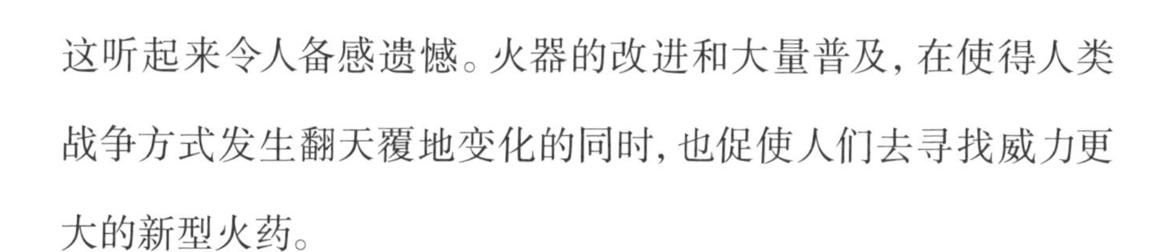

中国作为火药的起源地，没能对火药加以改进、利用，这听起来令人备感遗憾。火器的改进和大量普及，在使得人类战争方式发生翻天覆地变化的同时，也促使人们去寻找威力更大的新型火药。

正是在这种背景下，炸药开始登上历史舞台。在众多的炸药发明家中，最为人们熟知的恐怕要数“现代炸药之父”诺贝尔了。

诺贝尔出生在瑞典，父亲是一名发明家，母亲是一位有文化教养的妇女。也许是受到了家庭的影响，诺贝尔从小就喜欢捣鼓一些小玩意儿。他10岁时，常年在外拼搏的父亲终于在事业上取得了一些成就，并在俄国开办了一家工厂。于是，诺贝尔一家人离开瑞典，迁往俄国生活。

在俄国，精力充沛的小诺贝尔时常跟着哥哥到父亲的工厂里玩。起初，他对工厂里那些不停转动的机器很感兴趣，往往一看就是一下午。然而，没过几天，他的目光就被另一种东西吸引了，那就是火药。

原来，诺贝尔父亲开设的工厂是专门生产军用器械的，而火药正是制造弹药必不可少的物质。当时，人们已经了解到火药是一种特别危险的化学物质，容易引起爆炸和火灾。所以，每当小诺贝尔来工厂玩时，父亲都禁止他接触火药。

可是这种可以产生火花的东西实在是太有吸引力了，小诺贝尔根本按捺不住自己的好奇心。于是，他不顾父亲的禁令，寻找机会偷偷藏了一点火药在身上。回到家后，他立即动手用火药制作了几个烟花，并成功使烟花绽放。当然，这一切都是背着父亲做的。不过，烟花实验并没有让小诺贝尔感到满足。他做了一个大胆的决定——试着做一个炸弹。

为此，小诺贝尔特地找了一个小盒子，将剩余的火药全放了进去。然后，他对盒子进行了一番仔细封装，并为其加了一根自己做的引线。待这一切都准备妥当后，小诺贝尔点燃了引线。随着“砰”的一声巨响，盒子瞬间炸开了。

父亲在得知这一切都是诺贝尔做的之后，严厉地训斥了他，并加强了工厂火药的监管。如此一来，小诺贝尔便很难再从工厂里拿到火药了。不过，这并没有难倒小诺贝尔，他开始尝试自己制造火药。

小诺贝尔通过翻阅书籍，逐渐掌握了火药的制造方法。然而，好景不长，他的行为很快又被父亲发现了，结果这下连制造火药的原料都不让小诺贝尔碰了。后来，随着诺贝尔年龄的增长，他已经不再制造炸弹了，但对火药、炸药等依然有着浓厚的兴趣。

1853年，克里米亚战争爆发，俄国和英法联军为夺取巴尔干半岛，投入了大量兵力，而诺贝尔的父亲恰恰是专门为俄军制造水雷的供应商。当时，俄军为了在战争中占据优势，曾派专家找到诺贝尔的父亲，请他帮忙研究一种能够爆炸的液体——硝化甘油。当时，20岁的诺贝尔也参与到这项研究当中。

不过由于种种原因，对硝化甘油的研究工作进行得并不顺利。还没等这项研究取得成果，俄国便在克里米亚战争中战败了，诺贝尔父亲的工厂也因此失去了大量订单，陷入困境。为了摆脱困境，父亲不得不离开俄国返回家乡发展，诺贝尔及其哥哥们则选择继续在外闯荡。在此期间，诺贝尔没有停止对硝化甘油的研究。几年后，他发明了雷管，使得硝化甘油可用于矿山、隧道爆破等工程。

1863年，诺贝尔年满30岁。也就是在这一年，他在瑞典故乡筹建的诺贝尔火药工厂正式开始制造硝化甘油。当时，由于暴露在外的硝化甘油必须借助雷管引爆才能发生爆炸，致使诺贝尔及其身边的人误以为它比普通的火药更安全。

其实，硝化甘油是一种极不稳定的液体炸药，当它处于密闭环境中时，一些微小的震动都有可能使其爆炸。结果，诺贝尔火药工厂运营没多久就发生了大爆炸，致使5人丧生，其中包括诺贝尔的弟弟艾米尔，诺贝尔的父亲也因此事悲伤过度而病倒。

这次工厂爆炸事件让人们开始对硝化甘油产生了恐慌。当地政府和居民纷纷对诺贝尔发出责难，要求他关掉工厂和实验室。无奈之下，诺贝尔只好买了一艘大船，在湖面上继续他的研究。一次偶然的机会，诺贝尔发现硝化甘油可以被干燥的硅藻土吸附，这种固体混合物能够实现安全运输，不怕明火和震动。经过反复的调配比例实验，他终于成功“驯化”了硝化甘油这个“恶魔”，发明出了一种固体的安全强力炸药。

除了此款炸药之外，诺贝尔还发明了炸药发爆剂（引爆器）、安全雷管引爆装置、无烟炸药等。凭借这些发明，他不仅成为历史上最成功的发明家之一，还积累了大量的财富。举世闻名的“诺贝尔奖”便是按照他的遗嘱设立的，并用他的遗产的一部分作为基金，以基金的利息作为奖金来奖励获奖者。

诺贝尔发明的现代炸药给人类生活带来了深远的影响，从此以后移山填海不再是一种奢望。

随着时代的发展，一些新型高能炸药也纷纷登台亮相。例如，现代影视剧中经常出现的C4塑胶炸药是由火药与塑料混合制成的，其外形像面团，可随意揉搓，制成各种形状。并且，由于制作材料特殊，C4塑胶炸药具备优秀的伪装能力，据说未经特定嗅觉训练的警犬也难以识别它。

圆珠笔：书写工具中的佼佼者

说起当前人们常用的书写工具，你会想到什么？铅笔、钢笔、中性笔，还是水彩笔？当然，如果真让大家放开了想，估计有的人能说出十几种来。我们今天要介绍的书写工具是大多数人都很熟悉的圆珠笔。它虽然看起来很普通，但凭借结构简单、携带方便、书写润滑等优点，已在全世界风行了好几十年。

圆珠笔是一种通过笔芯前端的球珠滚动带出墨水或油墨的笔，这也是它得名圆珠笔的主要原因。说到这里，估计有人会好奇这种书写工具最早出现在哪一年。关于这一点，大家要明白，很多新发明都不是横空出世的，它们往往需要经过长时间的打磨才能出现在人们面前，而圆珠笔的发明历程也是如此。

依据现有的历史文献，“圆珠笔”这一名称最早出现在1888年。当时，一个名叫约翰·劳德的美国人为了方便在皮革上做标记，设计出一种利用滚珠作为笔尖的书写工具，并申请了专利。然而，由于设计上存在着很大的缺陷，约翰·劳德的圆珠笔并不具有实用性，因此没能真正大量生产并成为商品。

后来的几十年，虽然有不少人尝试设计制作圆珠笔，但是他们均未能跳出约翰·劳德的设计思路，最后都以失败告终。

直到二十世纪三十年代，圆珠笔的研制工作才取得重大突破，匈牙利人拉迪斯洛·比罗在其中起到了至关重要的作用。比罗是一位新闻工作者，由于工作的需要，他时常会用到钢笔。由于那时的钢笔质量不好，经常会发生漏墨现象，导致使用者手上或者工作稿件上沾满难以消除的墨迹，比罗为此颇感头痛。

有一天，比罗因工作需要去拜访一家报社时，看到了速干油墨，脑子里突然产生了一个想法：如果将钢笔墨囊里的墨水换成速干油墨，那么钢笔写的字是不是也能很快干燥？这样一来就能解决钢笔漏墨的问题。然而，当他真的试验起来，才发现根本行不通。原来，速干油墨相对于钢笔墨水要黏稠得多，是无法直接用在钢笔上的。

难道速干油墨这么好的东西就不能用来写字吗？面对初次尝试的失败，比罗有些不甘心。不过，在朋友的点拨下，他很快将目光投向了圆珠笔的研制。

与以往的圆珠笔研制者不同，比罗一开始就意识到要想研制出具有实用价值的圆珠笔，除了要在具体的结构设计上下功夫之外，圆珠笔使用的油墨也很重要。于是，他一边在前人的基础上改进圆珠笔笔头的结构，一边研制适合圆珠笔使用的新型油墨。

1938年，在经过无数次的尝试后，比罗终于制作出了第一支名为“油溶笔”的圆珠笔，并先后向多个国家申请了相关专利。当然，他的目标远不止于此，所以比罗在发明油溶笔后并没有停止对圆珠笔的改进。

经过数年努力，比罗终于完成了一个可以投入商业使用的圆珠笔技术方案。1943年，比罗在阿根廷开设了一家圆珠笔制造公司，并生产出世界上第一种真正商品化的圆珠笔——Biro圆珠笔，即比罗牌圆珠笔。不过，最先使用这种圆珠笔的顾客并不是普通大众，而是英国皇家空军的机组人员。

原来，比罗的一个朋友在得知比罗牌圆珠笔的存在后，很快就意识到这种书写工具能为英国皇家空军解决一个大难题——当时的飞机虽然飞得不算太高，但其内部的气压已经低到无法使用钢笔了，如果强行使用，结果不是漏墨就是什么也写不出来。而比罗牌圆珠笔工作原理与钢笔不同，在高空中仍能正常使用。正是看到了这一点，比罗的朋友开始帮忙向英国皇家空军推销比罗牌圆珠笔。后来，比罗牌圆珠笔果然凭借着不错的性能成为英国皇家空军机组人员的专用笔。

凭借着英国皇家空军专用的噱头以及部分人的猎奇心理，比罗牌圆珠笔大受欢迎。

然而，由于价格过于昂贵，并且使用时还存在一些小问题，这种圆珠笔的销量并没有达到比罗的预期。无奈之下，比罗只好卖掉公司，把自己的专利权转让了出去。作为现代圆珠笔的先驱，比罗虽然没能让圆珠笔普及起来，但他的发明引起了美国人米尔顿·雷诺的注意。

雷诺是一个头脑活络的商人，他在阿根廷商务旅行期间，偶然看到了比罗牌圆珠笔，认为这种书写工具很有商业潜力。于是，他购买了几支笔带回美国研究，并很快成立了一家圆珠笔制造公司。

雷诺花重金请人对原来的比罗牌圆珠笔进行了设计改进，最终在1945年10月推出了自己的新型圆珠笔。由于原子弹具有巨大的破坏力是尽人皆知的，擅长营销的雷诺借此大做广告，将自己的笔与原子弹相提并论，将其命名为原子笔。由于这种新型圆珠笔性能不错，营销也做得非常好，所以销量十分可观。

然而，即便是雷诺，也没能把圆珠笔真正地普及开来，因为当时的圆珠笔售价太昂贵了，每支在10美元左右。甚至到了二十世纪五六十年代，圆珠笔的价格依然贵于钢笔，所以那时的人们用完圆珠笔之后往往舍不得扔掉，还要到专门的笔店里加笔油再继续使用。

二十世纪七十年代，圆珠笔批量生产，它的价格才开始下跌，成为平民也用得起的书写工具，并很快在全世界流行开来。

随着工艺技术水平的不断进步，圆珠笔家族中的成员也开始变得越来越多，有的圆珠笔甚至还具有一些奇怪的功能，比

如可擦圆珠笔。众所周知，普通圆珠笔写的字一般不能像铅笔字那样随意擦除，而可擦圆珠笔打破了这一设计。

相关资料显示，早在二十世纪八十年代，这种将油墨的书写性同铅笔的可擦除功能结合在一起的新型圆珠笔就已经出现，并且一上市就风靡全球。如今，可擦圆珠笔虽然不再像刚面世那样受追捧，但它依然在书写工具市场上占有一席之地。

可擦圆珠笔写的字为什么可以被擦除呢？其秘密就在于它所使用的油墨与众不同。普通圆珠笔的油墨一般是用油和染料制成的，而可擦圆珠笔的油墨成分是一些特殊的化学材料。

对于那些经常写错别字但又喜欢用圆珠笔的人来说，这种书写工具再合适不过了。毕竟书写出现错误时，只需用橡皮轻轻一擦就可重新再写了。

另外，随着人类航空事业的发展，促使圆珠笔家族诞生了功能强大的太空笔。太空笔一开始就是专门为太空中的宇航员们设计的，它的历史最早可以追溯到二十世纪六十年代。

那个时期的宇航员在太空中使用书写工具时并没有太多的选择，由于钢笔和普通圆珠笔无法在失重环境中工作，所以铅笔成了太空专用笔。然而，在太空中使用铅笔有着很大的安全隐患，比如书写产生的石墨残渣有可能会飘进宇航员的眼睛里，铅笔芯和木头在纯氧的环境中极易燃烧。

为了解决这个问题，人们花了好几年的时间才研制出能在太空中安全、自如书写的圆珠笔——太空笔。最初的太空笔在

工作原理方面很独特，它采用了密封式气压笔芯，上部充有氮气，靠气体压力把油墨推向笔尖，进而完成书写工作。随着技术的进步，太空笔这种特殊的圆珠笔在功能和结构上得到了加强，它不仅可以在-35℃至120℃的环境中正常出墨，还可以在水下书写。至于存放寿命，也远长于其他书写工具。可以说，自从有了太空笔，宇航员们再也不用担心如何在太空写字这个问题了。

如今，圆珠笔每年的产量巨大，单是中国一个国家，每年圆珠笔的产量就超过400亿支。

然而，时至今日，能单独制造完整的圆珠笔的国家却没有几个，因为圆珠笔的小小笔头可不是想造就能造出来的。它上面除了有小球珠之外，里面还有5条引导墨水的沟槽，其加工精度都要达到误差不超过千分之一毫米的量级。也就是说，工艺技术不到位的话，每一个小小的偏差都会影响笔头书写的流畅度和使用寿命。所以，大家千万不要小看圆珠笔，它里面可蕴藏着高科技呢！

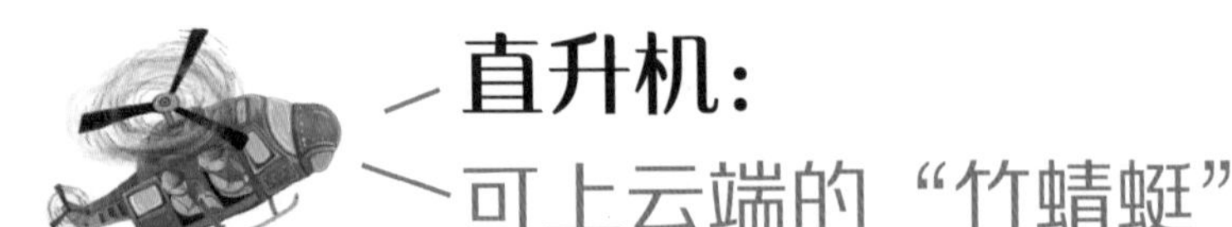

直升机：可上云端的“竹蜻蜓”

自古以来，人类的飞行梦便从未停止过：渴望能像鸟儿一样自由自在地在天空飞翔，渴望摆脱地球的引力去天空的最高处看一看……为此，世界各地的人们幻想出了许多奇怪的飞行器，比如阿拉伯民间故事中的飞毯、古希腊神话中的战车、中国神话哪吒脚下的风火轮等。东晋医药学家葛洪的《抱朴子》一书中还描述了一种用枣心木制作、可垂直升空的飞车。

飞毯、战车、风火轮等虽然模样各异，但它们的飞行方式大都是原地腾空而起，这表明在很久以前，人们就已经开始想象一些可垂直起落的飞行器，这为直升机的诞生打下了良好的思想基础。当然，古人除了幻想各种飞行器外，还尝试制作了一些可短时间升空的小玩意。其中，在工作原理上与直升机最为相似的恐怕要数中国传统民间玩具“竹蜻蜓”了。

竹蜻蜓的历史已有2000多年，据说是中国古人在对蜻蜓飞翔的观察中得到启示而发明的。它整体呈“T”字形，通常用竹子制作（现在也有塑料材质的），由竹柄和“翅膀”（细长扭曲形的竹片）两部分组成。人们只需用双手搓一下竹柄，然后松手，竹蜻蜓就会旋转着飞上天空。从构造上来看，竹蜻蜓酷似现代直升机上面的旋翼，因此它被很多人称为“现代直升机的雏形”。

大约在十五世纪中叶，竹蜻蜓传播到了欧洲。对于这个来自东方的小玩意，当时欧洲很多学者都颇感兴趣，他们还给竹蜻蜓起了一个新名字——“中国陀螺”。

1475年，意大利艺术大师达·芬奇画了一张关于直升机的想象图。图中有一个用上浆亚麻布制成的巨大螺旋体，当它达到一定转速时，就会把机体带到空中。

而站在机体底盘上的驾驶员，可以通过拉动钢丝绳改变飞行方向。西方人普遍认为，这张草图可能是最早的直升机设计蓝图。

无论是中国的竹蜻蜓，还是中世纪达·芬奇画中的螺旋升力桨，它们都还只是停留在发明直升机的萌芽阶段。直到第一次工业革命，人类生产力得到空前提升，直升机的发展才开始真正进入到机械产品探索研究阶段。

1754年，俄国著名科学家罗蒙诺索夫将竹蜻蜓与发条结合起来，制作出了世界上第一个共轴式直升机模型。这个模型虽然看起来与现代直升机的模样差了十万八千里，但它的出现为后人研制直升机指明了方向，即将旋翼与强大的动力结合才是正确之路。

第一个共轴式直升机模型诞生100年后，人类步入了蒸汽时代。于是，有的发明家开始尝试用蒸汽发动机作为直升机的动力源。

1863年，法国的一名工程师不仅研制出了一个用蒸汽发动机驱动的直升机模型，还第一次正式提出了“helicopter”（直升机）这个词。1880年，被誉为“发明大王”的爱迪生也用蒸汽发动机对直升机模型做了大量实验。

但是在不断地研究之后，人们开始渐渐意识到蒸汽发动机虽然能提供不错的动力，但它并不适合用在飞行器上，特别是直升机。

为了解决持续飞行的动力问题，人们只得去寻找更先进的发动机。1900年前后，内燃活塞式汽油发动机已经步入实用阶段，这使得直升机的飞行成为可能。1903年，美国人莱特兄弟制造的固定翼飞机试飞成功，这让所有人振奋不已。很多人都觉得直升机会很快进入载人飞行阶段。然而，由于直升机技术的复杂性和发动机的性能不佳，它的成功飞行比固定翼飞机晚了好几年。

另外，直升机虽然是“直升飞机”的俗称，但从科学定义上来看，它并不是飞机，这就像鲸鱼不是鱼而是哺乳动物一样。飞机是指由动力装置产生前进推力、固定机翼产生升力，在大气层中飞行的航空器，也就是说飞机必须有固定机翼，而直升机并不满足这个条件，它只有动力驱动的旋翼。

在飞机诞生后的第四年，也就是1907年，直升机的发展取得了里程碑式的进步。1907年8月，法国人保罗·科尔尼研制出一架全尺寸载人直升机，并为它起名“飞行自行车”。同年11月，“飞行自行车”进行了一次试飞，它不仅靠自身动力完成了垂直升空（仅离开地面0.3米），还持续飞行了近20秒，真正实

现了自由飞行。这无疑是一个巨大的成功，“飞行自行车”因此被称为“人类第一架直升机”。

现代直升机在实现初次升空与飞行后，还有很多重大技术难题需要解决。其中最重要的就是怎样让它在驾驶员的操纵下安全平稳地朝指定的方向飞行。

1907年以后，美国、英国、法国、德国等国家的工程师都摩拳擦掌，纷纷探索直升机的飞行问题。据说，在短短的四五年间，世界上先后诞生了十几种直升机机型，但它们都没有在控制飞行方面取得令人满意的效果。

值得一提的是，为了让直升机实现平稳飞行，俄国科学家尤利耶夫另辟蹊径，提出了利用尾桨来配平旋翼反扭矩的设计方案，即在直升机身上再增加一个尾翼。1912年，他还成功制造出了试验机，结果发现效果不错。于是，这种单旋翼带尾桨式直升机成了后来最流行的直升机形式。

1940年，经过30多年的技术沉淀和发展，直升机终于进入了实际应用阶段，世界上第一架投入使用的直升机原型机VS-300成功上天自由飞行，这标志着直升机时代的到来。

从此人们有了一种方便快捷的飞行器，它既能垂直上升下降、空中悬停，又能向前后左右任一方向飞行。随着技术的进步，直升机的性能也不断完善，它从一开始只能离地不足1米发展到了可以飞到数千米高的云端，持续飞行时间也从最初的几十秒发展到数个小时。

也许对于大多数人来说，直升机似乎与自己的生活没多大关系，但其实这个发明早就对人类社会产生了深远的影响，很多场合都要用到它，比如医护救灾。试想一下，在某个地面交通不便的角落，有人急需救援，而能提供帮助的人又远在另一个地方，此时的最佳选择便是乘坐直升机前去实施救

援。除此之外，直升机还在森林防火、地质勘探、空中摄影、吊装设备、科学考察、海上打捞等民用领域发挥着越来越重要的作用。

当然，直升机这种灵活的飞行器在军用领域更是有着极大的发挥空间。很多国家专门研制了各种武装直升机，它们可以直接参加战斗，打击敌方目标。按结构、设计和使用的不同，它们一般可分为专用武装直升机、多用途武装直升机和反潜反舰直升机。由于武装直升机有着很多独特的优势，如可以不依赖跑道进行垂直起降，能进行一树之高的超低空游走，适应各种复杂地形等，因此，在很多战场中，它们常常能起到意想不到的作战效果。

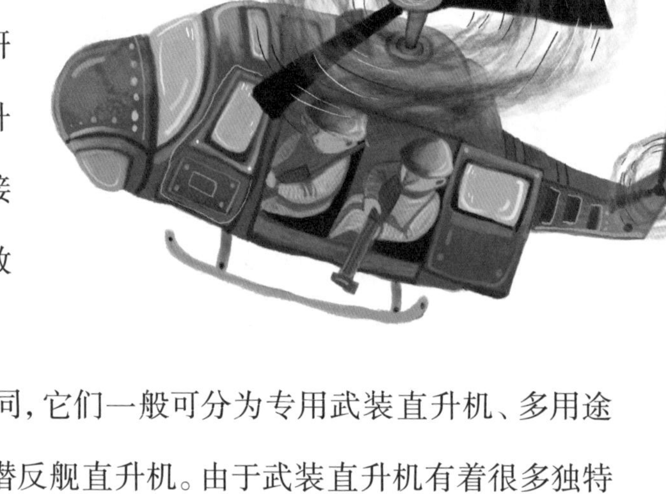

与西方国家相比，中国的武装直升机研制工作起步较晚，一开始还只能引进苏联、欧洲的直升机进行仿制。随着技术经验的积累以及中国科研人员的奋起直追，到了二十一世纪，中

国人民解放军终于有了属于自己的新一代专业武装直升机——武直-10（代号为“霹雳火”）。

武直-10虽然是武装直升机界的新秀，但实力一点儿也不输世界知名的前辈。它不仅有着极强的战场生存能力，而且火力凶猛，可挂载8枚红箭-10反坦克导弹或8枚天燕-90空对空导弹。

和美国一样，中国也有自己的多用途武装直升机，即直-20。近年来，随着直-20大量列装军队，中国人民解放军的作战能力得到了进一步提升。

从最初的飞天梦，到后来的竹蜻蜓，再到如今可飞入云端的直升机，人类终于将古人的梦想一步步变成了现实。

互联网：包罗万象的“网”

如今，上网聊天、看视频、办公等已经成了很多人的日常活动。上网对于现代人，特别是年轻人来说，是一件极其普通的事情。那么，这张“网”到底是什么呢？

这张“网”可不同于一般的网，它太大了，大到可以把整个地球“包裹”起来。组成这张巨网的“线”也很特殊，有的是人眼看得见的电缆、光缆，有的则是人眼不可见的无线电波。正是凭借着这些有形和无形的“线”，我们的电脑、手机等设备才能互相连接起来，快速接发文字、图像、声音等信息。

互联网的出现让人类世界步入了信息时代，并深深地影响着人们的生活。在过去，很多事情都会受到时空的限制，比如老师和学生需要在同一个地点才能进行正常的教学活动，而互联网的发展改变了这种状况。现在的学校或培训机构通过开设网络培训课程（简称“网课”），让学生们足不出户就能通过电脑、手机上课，还可以与老师进行互动。

除此之外，互联网还是一架真正的“时空穿梭机”，尤其是在视频网站上，人们可以在任何时候点击自己想要看的节目。某些直播类节目，即便错过了观看时间，也可以进行回看。互联网带来的便利，大家都能切身体会，但是，当谈及互联网这个包罗万象的“巨网”是如何诞生的，估计了解的人就不多了。

早在二十世纪五六十年代，就有人提出关于通过网络进行信息交流的设想。例如，1962年，美国麻省理工学院的利克利德在《联机人机通信》一文中率先提出了“巨型网络”的概念，设想未来的每一个人都可以借助一个全

球范围内相互连接的设施，在任何地点快速获得自己想要的信息和数据。从这里可以看出，“巨型网络”的工作机制和功能跟现在的互联网几乎一模一样。

不过，让互联网从设想走向实际发展的真正推手并不是利克利德，而是当时的国际环境。那时以美国和苏联为首的两大军事集团正进行着无声的对垒，两国的核军备竞赛愈演愈烈。美国军方为了获得战略优势，不得不考虑一个问题：倘若美国遭到敌方核武器攻击，以至于重要的通信干线被毁，指挥部门还怎样有效地组织反击？为了解决这个问题，美国军方准备打造一个能承受核打击的通信线路。

当时，一个名叫玻尔·巴兰的科学家提出了一个至关重要的想法。他认为，理想的通信线路应该类似一张渔网。众所周知，渔网上的任意两个节点之间，都有许多条线路相通。即便渔网被炸了几个大窟窿，剩下的节点之间依然可以找到相互联通的线路。在这种思想的影响下，美国国防部计划建设一个名为“阿帕网”的实验性网络，而它就是现代互联网的前身。

1969年，阿帕网正式启用，这标志着互联网的诞生。不过，在初始阶段，它只连接了4台计算机，目的也仅是供科学家们进行计算机联网实验。

二十世纪七十年代初，阿帕网虽然已经有了几十个计算机网络，但是每个网络只能在自己内部的计算机之间互联通信。这就好比在一个城市里有很多社区，每个社区内部的人都可以相互交流，但如果两个人属于不同社区，他们即便生活在同一个城市里，也不能产生联系。所以，研究人员们开始想办法解决这个棘手的问题，让不同的计算机局域网互联。

1974年，著名的国际互联协议IP和传输控制协议TCP正式发表。由于TCP/IP协议具有极大的开放性，能让任何厂家生产的计算机之间实现相互通信，所以它一诞生就快速发展起来，并在短短十年内成为多数计算机共同遵守的标准。

可以说，TCP/IP协议的出现加速了互联网的发展。后来，随着个人电脑的普及，互联网迅速从小网变成大网，将分布在全球各地的电脑网络连接在了一起。

进入二十一世纪，传统的互联网技术与移动通信结合，形成了移动互联网，让智能手机、智能手表等设备也能网上冲浪。互联网的诞生与普及，让“天涯若比邻”不再是梦想，但同时也会让一些看起来微不足道的小事成为万众瞩目的焦点。例如，在互联网普及早期发生的“特洛伊咖啡壶”事件。

二十世纪九十年代初期，英国剑桥大学计算机研究室内只有一台公用的咖啡机，而研究人员的实验室却分布在不同的楼层。一些人为了喝咖啡，不得不上上下下爬楼梯。最让人恼火的是，有时辛辛苦苦来到咖啡机旁，却发现咖啡还没煮好或者咖啡已经被喝光了。

为了解决这个问题，几个研究人员想出了一个妙招，他们在咖啡机前装了一个摄像头，摄像头每分钟会抓取几次图像，然后上传到研究人员的电脑上。他们还通过网络技术建立了“咖啡壶”网站。这样一来，部门的研究人员在内部计算机网络上都能看到咖啡壶的工作状况，不至于取咖啡时白跑一趟。后来，有人把直播画面传到了互联网上，但谁也没有料到，这个不经意的举动居然让“咖啡壶”网站成为世界上最早的直播网站之一。

起初，直播画面是每分钟更新三次，后来逐渐提高到每秒钟更新一次。最高峰时，全世界有近240万用户点击进入“咖啡壶”网站，观看这个咖啡壶的工作过程。

由于传播速度惊人，网络爱好者都把这个咖啡壶亲切地称为“特洛伊咖啡壶”。

互联网在迅速普及的同时，也催生了很多应用，其中最重要的要数万维网了。万维网基于互联网最大的电子信息资料库，也可以说是无数个能为人们提供丰富的文本、图像、音频、视频等信息的网络站点和网页的集合。

说到这里，可能小伙伴们还不太清楚万维网是什么东西，但其实我们现在经常会用到它。很多网站或网页的域名里有“www”三个连续字母。这其实就是万维网（World Wide Web）的简称。

另外，互联网的发明和使用还催生出了“黑客”。“黑客”一词是英文hacker的音译，泛指精通计算机技术的人，也就是人们所说的水平高超的电脑高手。

不过，黑客中也有两大阵营，即白客和骇客。其中白客是指从事正当行业的黑客，比如网络安全软件开发人员、手机系统维护人员等。他们大多有很强的求知欲和征服欲，会尽最大努力清扫一切“拦路虎”，今天的互联网能够正常运转，离不开白客们的努力。然而，还有一些人，虽然计算机水平高超，但专门恶意侵入他人电脑、破坏网络安全，这些人被称为“骇客”。他们就像网络世界中的恐怖分子，给人们带来巨大的经济和精神损失。

随着社会的发展，使用互联网的人越来越多。据权威机构统计，截至2020年12月，单是中国网民（平均每周使用互联网至少1小时）的规模就已经达到了9.89亿人。也就是说，全国大约三分之二的人都在上网。

然而，当我们用电脑或手机进行网上冲浪时，并不一定知道与自己互动聊天的是谁。“在互联网上，没人知道你是一条狗。”这是1993年7月5日美国《纽约客》杂志上刊登的一则漫画的解说语。漫画中有两条狗，一条狗一边上网，一边对另一条狗说出了上面这句话。后来这则漫画被反复转载，它的创作者因此得到了超过5万美元的稿费。可以说，这则漫画形象地体现了网民身份的隐蔽性。

也许有人会说：“这多好啊！这样我就能在互联网上畅所

欲言了。”有这种想法很正常，但这并不意味着大家可以在网络世界中肆无忌惮地发表言论，甚至恶意造谣，因为网络虽然是个虚拟的世界，但并不是法外之地。所以，近年来，互联网上的一些应用开始逐渐推行实名认证，即网民必须要登记自己的真实身份。这个做法虽然尚存争议，但无疑是在向大家表明，人们在网络中也要为自己的言论负责。

当然，互联网的世界再怎么美好，我们也不能沉溺其中，否则就会染上网瘾。染上网瘾的人长时间沉迷于网络，对别的事情没有过多的兴趣，渐渐地就会脱离真实的社会，同时身体也会发出健康警报。

信用卡：诚信也是一种财富

近年来，随着移动互联网的兴起，人类的支付方式也在悄然发生着变化。在中国，以微信、支付宝等为代表的移动支付更是方兴未艾。然而，如果放眼全球的话，就会发现有一种传统的非现金支付工具依然广受人们欢迎，它就是信用卡。

说起信用卡，可能很多小伙伴都未曾使用过，因为未成年人是不能申请办理的。但是，这并不意味着信用卡是一种多么神秘的事物，它本质上是一个由商业银行或信用卡公司对信用合格的消费者发行的信用证明。

在形式上，信用卡与生活中常见的银行卡差不多，是一张印有发卡银行名称、号码、有效期、持卡人姓名等内容的卡片。只不过这种卡不像普通银行卡那样，即便里面没有钱也能用于消费，可以在一定额度内透支。当然，事后还是需要还款的。

信用卡的历史最早可以追溯到十九世纪末。当时，商品经济发展迅速，一些商店为了扩大营业额，便有选择地发给顾客一种类似金属徽章式的信用筹码。据说，持有这种筹码的人可以在相应的商店先拿商品而后延期付款。单从功能上来看，这些信用筹码就是信用卡的雏形。

后来，信用筹码的形状逐渐变为了卡片状，除了零售商之外，一些大型百货商店、石油公司也参与了发行。不过，这种信用卡片也有明显的局限性，那就是它只能在一家店铺消费而不能通用。

一直到二十世纪五十年代，世界上才出现第一张真正意义上的信用卡，而它的发明与一个名叫弗兰克·麦克纳马拉的美国商人有着很大的关系。有一天，麦克纳马拉在纽约一家饭店招待客人用餐，就餐后发现忘了把钱包带在身边，结果不得不打电话让妻子来结账。这件事令他深感难堪，于是他产生了创建信用卡公司的想法。

1950年春，弗兰克·麦克纳马拉与自己的好朋友施奈德共同投资1万美元，在纽约创立了大莱俱乐部，即著名的大莱信用卡公司的前身。

起初，他们俩的目标很简单，就是让俱乐部在商户与客户之间充当一个可提供付账服务的第三方，并以此收取手续费、服务费等。但当他们向一些餐馆老板咨询是否能够支持这种“先消费后付款”的做法时，大多数老板不太接受。不过，麦克纳马拉与施奈德并没有气馁，仍坚持探索和尝试。功夫不负有心人，他们俩最终说服一批餐馆接受了自己的付款模式。

当时，凡是该俱乐部的会员都会拥有一种能够证明身份和支付能力的卡片，凭它到指定的多家餐厅就可以记账消费，不必付现金。由于这种卡片使用起来方便快捷，所以一经推出就大受欢迎，并很快在餐饮界打开了局面。没过多久，它便被普及到了旅游业等其他行业。

到了1951年，大莱俱乐部的会员人数增长了数万人。与过去的信用卡片相比，大莱俱乐部发行的卡片不仅可以在一

个商家或一个公司内使用，还可以跨行业、跨地区使用。因此，这种卡片在主要功能上已经与现代信用卡没什么区别了。

1952年，美国加利福尼亚州的富兰克林国民银行作为金融机构，率先发行了银行信用卡。此后，越来越多的银行加入了发行信用卡的行列。到了二十世纪六十年代，信用卡开始在美国、加拿大和英国等欧美发达国家生根并迅速推广。

现代信用卡在中国的应用时间相对较晚。相关资料显示，一直到1985年3月，中国银行珠海市分行才在广东珠海发行了中国的第一张信用卡。

二十世纪八十年代以后，信用卡在数量上与日俱增，其种类也逐渐丰富起来。有的银行甚至还为某个特定人群推出专属信用卡，比如总部位于慕尼黑的德国信贷银行，在巴伐利亚州推出

了一种为球迷特别设置的信用卡储蓄账户。

这种信用卡除了基本利率外，还将根据拜仁慕尼黑球队在德国足球联赛中的表现，给予球迷额外的奖励利率。例如，球队每积累到10个主场进球，储蓄账户的利率会提高0.1%，如果球队获得了联赛冠军，那么当月的储蓄利率在原有的基础上增加5%。

信用卡最突出的特点之一是它会根据持卡人资信情况的不同，给予不同的透支额度。如果一个人信誉良好，并且自身有着极高的社会地位和巨额财富，那么他的信用卡在功能和透支额度上肯定不是普通的信用卡所能企及的。

在过去很长一段时间里，花旗银行的至极黑卡和美国运通公司1999年推出的百夫长信用卡，被业内人士称为“卡中之王”。据悉，百夫长信用卡只有极少数（1%）的顶级客户才能拥有，客户甚至可以用信用卡买架飞机。

进入二十一世纪后，随着科技的发展，人们也对信用卡进行了诸多改造。比如2010年，美国某公司就曾研制出一种“多账号”智能信用卡。

这种信用卡的形状大小与常规的信用卡一样，但卡面上有两个带有指示灯的按钮，一个按钮可以使该卡切换成普通的银行借记卡，另一个按钮则可以将其切换成信用卡，并且这种卡完全防水，即便不小心随衣服误入了洗衣机也没关系。

如今，信用卡的种类可谓五花八门，甚至同一个机构发行的信用卡也有普卡、金卡、白金卡之分。这些信用卡的外表还有一个共同特征，即它们的卡号都是凸出来的。为什么要这样设计呢？原来，信用卡上凸起的卡号是专门用来拓印的。信用卡刚兴起时，人们还没有发明出方便的刷卡机器，所以大家只能通过复写纸把卡片上凸起的数字拓印下来作为交易凭证。

如今，人们虽然可以借助网络和POS机实现方便刷卡，但当初的这个设计依然被保留了下来，因为在某些场景（如无网络信号或POS机），要想使用信用卡完成支付，也只能通过拓印卡号这一途径了。

和很多发明一样，信用卡也不是十全十美的。一方面它给持卡人带来了诸多便利；另一方面也隐藏着巨大的风险，而引起风险的主要原因是其先消费后付款的机制。这也让各大国际级信用卡集团、全球发卡金融机构以及信用卡用户个人不得不面临信用卡盗刷、信用卡诈骗等问题。

2013年2月，美国成功破获一起跨国信用卡诈骗案，18名嫌犯涉嫌伪造7000多个假身份，申请数万张信用卡。他们购买豪车、黄金等奢侈品，总涉案金额超过2亿美元。据报道，这是美国有史以来破获的涉案金额最高的信用卡诈骗案。

信用卡虽然不是诞生于中国，但它在中国的发行量堪称世界第一。根据中国政府公布的《2020年第三季度支付体系运行总体情况》，截至2020年三季度末，中国信用卡和借贷合一卡在用发卡数量共计7.66亿张。也就是说，人均持有信用卡和借贷合一卡0.55张。大家可能觉得单看数字没什么感觉，但如果我告诉你中国一个国家的信用卡发行量就超过了整个欧洲的人口数量，你会不会大吃一惊呢？

时至今日，信用卡的发展历史已经超过 70 年，它的出现让"诚信也是一种财富"成为现实，信用越好的人信用额度越高，也会因此获得许多便利；相反，信用不好信用额度则相应降低，甚至影响到使用者生活的方方面面。所以，有了信用卡，也要合理消费，切不可无理性地超前消费。

也许在未来，信用卡这种需要实体卡片作为依托的发明会消失，但它所代表的以信用体系为基础的支付手段肯定还会一直为人类社会服务。

高速铁路：跨入陆上交通新时代

对于大部分现代人来说，高铁并不是什么陌生的事物，很多人都曾乘坐这种交通工具出行。不过，大家也要明白一点，高铁实际上是高速铁路系统的简称，其概念并不局限于轨道，更不仅仅指列车。

在众多陆上交通工具中，与高铁关系最为紧密的是火车。

火车诞生于十九世纪初，在汽车出现之前，它一直都是陆上运输的主力。但由于受到当时科技发展的限制，直到二十世纪初期，火车的最高时速也很少突破200千米。第二次世界大战结束后，人类社会发展迎来了黄金阶段，传统火车的运行速度已无法满足人们的需求。在这种大背景下，高铁应运而生。

世界上第一个运营高铁的国家是日本。众所周知，日本是一个狭长的岛国，全国土地面积中70%以上都是山地和丘陵。这种特殊的地理环境使得日本人口大多集中在沿海平原地区，并且城市群整体呈带状分布。1872年，日本开通了本国第一条铁路，自此以后铁路便成了连接日本各大中心城市的重要手段。

到了二十世纪五十年代，随着日本出行人数的激增，一些铁路干线的运载能力达到了极

限,尤其是东京到大阪之间的铁路,更是被当时的百姓所诟病。为此,日本政府决定兴建一条运载能力超强,但轨道标准不同以往的线路。1959年4月,世界上第一条真正意义上的高速铁路——东海道新干线在日本破土动工,经过5年建设,于1964年10月1日正式通车。

东海道新干线的开通,使得列车运行时速达到了当时罕见的210千米,进而把从东京到大阪515.4千米的运行时间从原来的6个半小时缩短到了3小时以内。这条高速铁路代表了当时世界一流的高速铁路技术水平,也标志着世界高速铁路由试验阶段跨入了商业运营阶段。

自此以后,世界各国便兴起了修建高速铁路的热潮。到了1981年,法国建成了当时欧洲唯一一条高速铁路。10年后,德国的第一条高铁线路也正式开通运营。

虽然中国的高铁建设起步较晚,直到2008年8月1日,中国第一条真正意义上的高速铁路——京津城际铁路才问世,但它一诞生就站在了世界科技的最前沿,创造了运营速度(初期运营时速为350千米)、运量、节能环保、舒适度四个世界第一。

到2010年年底,中国已是当时世界上高速铁路系统技术最全、集成能力最强、运营里程最长、运行速度最高、在建规模最大的国家。如果从2004年正式开始高铁建设算起，中国只用了不到七年的时间就走完了其他发达国家三四十年的高铁研发之路，这不可不说是一个奇迹。

然而，中国高铁的发展之路并非一帆风顺。2011年7月23日晚，两列动车行驶到浙江温州境内时，发生了严重的追尾事故，造成六节车厢脱轨、40人死亡、172人受伤。这个事故让一部分人对高铁的安全性产生了怀疑，对中国高铁的相关评论也不再是一片叫好，甚至有的人觉得中国的高铁技术根本比不上外国。

实际上，很多高铁技术强国都曾发生高铁事故。1998年6月3日上午，德国一辆运载287人的城际特快列车从慕尼黑开往汉堡，在途经小镇艾雪德附近时因为轮毂突然爆裂而脱轨。180秒内，时速200千米的火车冲向树丛和桥梁，300吨重的双线路桥被撞得完全坍塌。

2007年冬，一列从法国尼斯开往比利时布鲁塞尔的“欧洲之星”列车（欧洲首列国际高速列车）撞到了一头野

猪，致使该班列车延误3小时50分钟，另外34班高速列车也因为该事故延误。

对于中国高铁来说，温州境内发生的动车追尾事故是一次沉重的教训。在痛定思痛、彻底调查事故原因后，中国高铁技术人员砥砺前行、勇于创新，确定了中国自己的高铁网络建设标准以及运营标准。

随着中国越来越多的省份和地区填补了“高铁空白”，中国的高铁建造技术也得到了长足发展，在水平上不仅追上了世界高铁技术强国，还有了与他们同台竞技的底气。于是，中国高铁在国内遍地开花的同时，也将目光投向了世界。

由于中国高铁技术先进、服务一流，价格又极具竞争力，所以在国际舞台上击败了一个又一个同行，拿下了许多高铁合作项目。例如，土耳其的安伊高铁、印尼的雅万高铁、俄罗斯的莫喀高铁等工程项目中都有中国高铁企业的身影。

2017年6月，拥有完全自主知识产权的中国标准动车组“复兴号”在京沪高铁正式双向首发，这标志着中国铁路成套技术装备，特别是高速动车组的研制技术已经走在了世界前列。

近年来，随着互联网技术的快速普及，很多东西都开始朝智能化发展，中国高铁也不例外。2019年年底，世界上首条智能高铁“京张高铁”（北京—张家口）正式通车运营。该高铁采用了智能化列车运行调度指挥系统和牵引供电系统，应用了北斗导航、防灾预警等技术，并且可以实现自动驾驶。

现在，高铁已经成为中国的一张国际新名片，深受国内外乘客好评。

在中国，如果你经常乘坐高铁出行，很有可能会发现这样一个现象：几乎所有的高铁只在早上6点到晚上12点运行，凌晨0点到早上6点这段时间则没有任何班次。这是为什么呢？

原来，在这段时间里，中国的整个高铁系统需要检修维护。对此，也许有人会疑惑为什么高铁不采用普通火车的检修模式，即一段线路在进行停运检修的同时，另一条线路继续运营，这样不就可以全天候都有高铁班次了吗？但这种想法根本不可行，因为高铁的运行速度太快了，产生的气流有可能将旁边的工作人员卷走。所以，人们才选择预留一个“天窗期”，对高铁进行全封闭式的检修。

与普通的铁路系统相比，现在的高速铁路乘坐起来非常舒适。乘坐过普通火车的人应该知道，当列车行驶时，车轮每过一次钢轨连接处便会发出“哐当哐当”的声音，并且整个车厢也会发生震动，有时候甚至会让车厢内的乘客站都站不稳。

而高速铁路采用了特殊的钢轨连接，列车在上面行驶时非常平稳，也不再发出“哐当哐当”的声音。如果不看窗外，人们甚至都不知道它在前进。

另外，普通铁路上的列车在开动时，一般是由火车头将后面的车厢一节一节地牵动起来，要想达到较高的速度需要耗费一定的时间，并且变速时也很麻烦。专门在高速铁路上行驶的列车，除了车头具有动力之外，每节车厢也都安装了电动机，这样一来，列车启动时所有车轮便可一同运转，而且动作一致，这正是高速铁路上的列车可以快速提速的一个主要原因。

很多人都知道，速度是高速铁路技术水平的最主要标志。自第一列高铁在日本出现以后，人们便不断地想办法提高其运行速度。

如今，主流的高铁速度已经达到了每小时300千米至350千米，一些试验型高铁的速度更是惊人，比如中国研制的CIT500型高铁就曾创造过每小时605千米（普通民航飞机的速度一般为每小时800千米至900千米）的世界纪录，这样的速度简直可以说是疾驰如飞了。

如果我告诉你，未来乘坐高铁从中国北京到美国华盛顿只需2小时，你相信吗？当然，目前的人类技术水平肯定还无法实现，但这并不影响科学家们进行相关畅想。

在未来，人们可能会乘坐真空管道磁悬浮列车。这是一种最低时速4000千米，理论时速可达2万千米，能耗不到民航客机的十分之一，噪音、废气污染及事故率接近于零的新型交通工具。简而言之，就是建造一条与外部空气隔绝的管道，将管内抽为真空后，在其中运行磁悬浮列车等交通工具。由于没有空气摩擦的阻碍，列车将以令人瞠目结舌的速度运行。

时代在发展，科技在进步，而中国的高铁就像中国社会的发展一样，正以飞一般的速度向前行进着！

手机：天涯若比邻

古时候，人们想要联系远方的亲朋好友，往往只有写信这一途径，并且耗时很长。后来，随着科学技术的进步，电报和固定电话（俗称座机）相继出现，这让人们远距离交流变得简单起来。然而，它们在便携性上都存在着无法避免的缺点，比如电报机块头太大、固定电话脱离电话线无法工作。为此，人们不得不另寻他法，研制了一种新型通信工具——手机。

手机是移动电话或无线电话的简称，其发明历史最早可以追溯到第二次世界大战时期。当时，出于军事需要，科学家们研制出一种名为步谈机（又名步话机）的通信设备。具体来说，就是一种可手持的小功率无线电收发信机，通常有调频或调幅两种方式，工作频率使用短波或超短波，能够让通信双方在行进中相互通话，不过其通信距离十分有限（几百米至几千米）。

以现代人的眼光来看，步谈机充其量只是一个无线电对讲机，然而它的出现为手机制造者们提供了最初的灵感。

第二次世界大战结束没多久，美国贝尔实验室的科学家们便率先提出了“手机”的概念，并且还试制出一部所谓的移动通信电话。然而，由于其体积过大，不具备实用价值，所以没能引起人们的注意。

一直到二十世纪六十年代末，美国电话电报公司和摩托罗拉这两个巨头企业才开始进行手机研制。当时，美国电话电报公司的设想是，研制一种功率在10瓦左右的移动电话，并通过车载无线电设备来实现通信。另外，这家巨头企业还想借此在美国市场建立移动网络，为人们提供无线服务。摩托罗拉为了争夺美国通信市场，也启动了自己的移动电话研制项目，而负责该项目的人便是日后被誉为“移动电话之父”的马丁·库帕。

马丁·库帕接到公司分派的任务后，便带领研究团队攻坚克难。不过，与美国电话电报公司的设想不同，马丁·库帕认为真正的手机应该不需要借助车载无线电设备就能实现通信，并且可以让使用者随身携带。正是在这种设计思路下，他带领着团队于1973年研制出了第一部现代手机模型机。

据说，马丁·库帕拿到手机后，对身边的同事说："我将用这部手机给一个人打电话，大家猜一猜我会打给谁？"

在场的人都以为他会第一时间将发明手机的喜讯告诉自己的家人或者朋友，谁知马丁·库帕竟把这个电话打给了贝尔实验室的负责人尤尔·恩格尔："嗨，尤尔·恩格尔，我是马丁·库帕，我在用手机跟你打电话，一部真正的便携手持电话。"然而，对方一直没有回应。这并不是因为手机坏了，而是尤尔·恩格尔惊讶得说不出话来啦！可想而知，马丁·库帕的这番炫耀，可是把竞争对手气得不轻呢！

1973年虽然是现代手机诞生的元年，但当时普通大众并没有机会享用这项伟大的发明，因为第一部商用可移动电话（手机）直到10年后才真正上市。

1983年4月，摩托罗拉公司正式向公众推出了自己生产的第一款手机摩托罗拉DynaTAC 8000X。这款手机重约1千克，大小跟一块板砖差不多，充满电后可通话二十多分钟，售价高达4000美元左右，简直可以说是一个奢侈品。

另外，DynaTAC 8000X手机在功能方面也比较单一，只能进行最普通的通话，连短信都不能发。不过，即便如此，它的成功问世还是在全世界引发了一场通信革命。

自此以后，手机用自己的“平易近人”积攒了超高的人气，成了拥有不计其数的粉丝的“世界超级巨星”。随着人类科技的进步，手机款式也变得越来越多样。二十世纪八九十年代，手机开始进入中国市场。

据资料显示，在中国上市的第一款手机是摩托罗拉3200。当时，它的售价高达数万元，并且使用时的话费也不是一般人所能承受得起的，所以摩托罗拉3200曾一度成为有钱人的标

志。另外，它还凭借着硕大的机身和巨大的天线得到了一个别名——“大哥大”。在二十世纪八十年代的中国香港影视剧中，“大哥大”是一个非常重要的通信道具，出镜率很高。

由于手机行业利润丰厚，除摩托罗拉公司外，一些企业巨头也纷纷对手机研发产生了兴趣。一时间，手机产业迎来了百花齐放的时代，其中影响较大的手机品牌有摩托罗拉、爱立信、诺基亚、西门子等。在这种竞争环境下，手机的功能逐渐多了起来，短信功能也成了每部手机的标配。

说起手机短信，大家应该都非常熟悉，虽然我们现在使用它的频率越来越低，但在二十世纪九十年代以及二十一世纪初它曾风靡一时。

如果细心的你曾专门研究过手机的短信功能，就会发现一个有趣的现象：几乎所有短信的字符数都不超过160个（大约70个汉字）。这是为什么呢？

短信技术的主要发明人是芬兰人。据说，二十世纪八十年代的一天，一个芬兰人正坐在一台打字机面前打字。当他完成打字并开始检查字符数时，发现这些信息每条都只有1~2行的长度，而总字符数（这里指的是英文字符）也总是小于160个。就这样，“160”成了对希勒布兰德而言颇具魔力的数字，他也

据此确立了今天手机短信的字符数限制。

二十一世纪初，智能手机开始登上舞台。与过去的手机相比，智能手机不仅具有最基本的通话和短信收发功能，而且还可以上网、听音乐、看视频、玩游戏等。不过，智能手机刚诞生时因用户体验一般，一直处于不温不火的状态。直到2007年，这一状况才有所改变。

2007年1月9日，时任苹果公司CEO的史蒂夫·乔布斯在美国旧金山发布了第一代iPhone。当时，全触控屏幕、金属机身的第一代iPhone一经亮相，便在千篇一律的手机造型中脱颖而出。iPhone的横空出世，打破了原先手机界的格局。自此以后，手机才真正进入移动智能时代。

这场变革催生了很多新的手机品牌，其中最引人注目的便是中国手机品牌的崛起，比如华为、小米、OPPO等不仅在国内占有着巨大的市场份额，在国外也拥有着不可小觑的竞争力。

近年来，随着人类科技的不断进步，智能手机也像踩着风火轮一般迅猛发展，甚至还出现了一些专为“懒人”研发的功能，比如智能语音。

过去，人们使用智能手机时，往往需要借助按键或触摸屏幕才能完成自己想要的操作。如今，人们只需动动嘴皮子就能用声音随意地对手机“发号施令”。这对于那些不习惯复杂菜单，有时甚至懒到连手指头都不想动一动的“懒人”来说，无疑是一种解放。

试想一下，如果你是一个“起床困难户”，当手机闹铃响起时，你是希望自己爬起来在睡眼惺忪的状态下关掉闹铃，还是说一句“别响了”就让手机自动关闭闹铃？估计大部分人都会选择第二种方式。由此看来，“科技改变生活”这句话说得一点儿没错，尤其是改变“懒人”们的生活！

如今，智能手机已经非常普及，还凭借着日益强大的功能成为许多人生活中不可或缺的工具，不管是公交车上，还是大街小巷里，都能看到正在使用手机的人。

然而，手机在给我们带来方便与快乐的同时，也给我们设下了一个“温柔的陷阱”，即手机成瘾。由于智能手机可以借助互联网为使用者们提供一个虚拟世界，所以有的人很容易沉迷其中无法自拔，甚至渐渐脱离正常的生活轨道。更令人担忧的是，社会调查显示，手机成瘾近年来已经开始出现普遍化，无论手机使用者是男是女是老是少，他们花在手机上的时间都较以往有所增长。对此，大家可要好好“提防”手机，千万不要让手机将你“俘虏”噢！

青蒿素：疟疾的克星

现如今，如果你问一个年轻人每年的4月26日是什么日子，他十有八九回答不上来。即便你告诉他答案是“全国疟疾日”，他可能还是像丈二和尚摸不着头脑一样，甚至会反问一句：“什么是疟疾？”

确实，随着人类生活水平的提高，“疟疾”这个词已经渐渐远离了人们的日常生活。但很多上了年纪的人对它并不陌生，因为疟疾曾是世界上最严重的传染病之一。

为了让大家认识到疟疾的可怕，这里先简单介绍一下到底什么是疟疾。疟疾是一种由疟原虫引起的虫媒传染病，可借助蚊虫叮咬传播，沾染此病的人会周期性发冷发热，发冷时虽盖厚被而不觉温，发热时则近冰水而不觉凉，可谓现实中的“冰火两重天”。再加上患者发冷颤抖期间会出现摆动肢体的现象，所以中国人曾形象地称其为“打摆子”。

“打摆子”虽然听起来很滑稽，但收割起人命时却一点儿都不含糊。据资料显示，当时全球每年大约有5亿人感染疟疾，其中有近百万人不幸死亡。

为了制服疟疾这个“瘟魔”，人类先后想了各种办法，但这些治疗手段的效果一直不太理想。直到二十世纪初期，随着药物奎宁的出现，疟疾这种可怕的疾病才逐渐得到有效控制。不过好景不长，到了二十世纪六十年代，疟疾竟对奎宁产生了抗药性，开始卷土重来。

“瘟魔”再现，而人类手中又没有制敌利器，怎么办？无奈之下，各国科学家不得不重整旗鼓，开始寻找新型抗疟特效药。在此背景下，疟疾真正的克星——青蒿素，出现在人们的视野中，而首个发现青蒿素的人便是中国著名的药学家屠呦呦。

二十世纪六十年代末，由于历史原因，中国政府急需一种高效、速效且具有长效作用的抗疟新药。1967年5月23日，为了加快研发进度，国家科委和人民解放军总后勤部还在北京召开了“疟疾防治药物研究工作协作会议”。

也就是从那时起，研究防治疟疾新药正式成为一个秘密的军事科研任务，其项目代号为“523”。

当时，科技发达的美国也在斥巨资进行新型抗疟特效药的研究，据说单是实验的化合物就有上万种，可惜全都以失败告终。

当时技术条件并不怎么样的中国真的可以找到战胜疟疾的特效药吗？对此，很多参加“523”项目的科研人员可能也有过疑惑，但是他们明白自己既然接受了研制新药的使命，那就没有任何理由退缩。

1969年，屠呦呦也加入到“523”项目的研究中，其身份是中国中医研究院科研组组长，主要任务是负责研制抗疟中药。

中医药是中华民族的瑰宝，是5000多年中华文明的结晶，一直以来在全民健康中发挥着重要作用。而屠呦呦在参加“523”项目之前便已经从事中医药研究工作多年，丰富的经验及敏锐的

直觉告诉她，中医药这座宝库中肯定有战胜疟疾的法宝。

接受任务后，屠呦呦便开始一边查阅资料，一边走访民间名医，遍寻可能的中医药方。经过千辛万苦的寻访后，她从2000多种方药中整理出了一个包含数百种草药的《抗疟单验方集》，其中便有日后大名鼎鼎的中药——青蒿。

中医药方的收集工作虽然很辛苦，但它只是万里长征的第一步，因为屠呦呦及其同事还需要从如此之多的中草药中筛选出对疟疾真正有效的药物，否则一切都将白费。为此，他们又马不停蹄地投入到药物筛选工作中。

不知经过了多少次实验，屠呦呦等人终于筛选并制备了几十种中药提取物样品，其中青蒿提取物在第一轮的药物筛选和实验中展示出了较高的药效，对疟原虫的抑制率高达68%。但是，在药物复筛时，青蒿提取物的药效却大打折扣，甚至还不如胡椒的提取物。

其实，在屠呦呦之前，国内外也有人做过青蒿抗疟筛选，但都因药效不显著而放弃了继续研究。幸运的是，屠呦呦没有放弃。她见药物研制遇到了瓶颈，便将研究目光转向了中国古代医学典籍，她觉得中医药学是个伟大的宝库，有很大的挖掘空间，说不定里面就有治疗疟疾的药方。

有一天，屠呦呦在翻阅东晋葛洪编著的《肘后备急方》时，发现书中记录了一个治寒热诸疟的药方，其中提到“青蒿一握，以水二升渍，绞取汁，尽服之”等话语。受此启发，她便开始反思自己先前制取青蒿提取物的方法。

“古人将青蒿入药时，都是先用清水浸泡，然后搅碎过滤取汁直接使用，其间并没有涉及蒸煮等高温环节。这是不是意味着温度对青蒿提取物的药效有着很大的影响？”屠呦呦顺着新思路开始改变方法，重新研究起青蒿来。

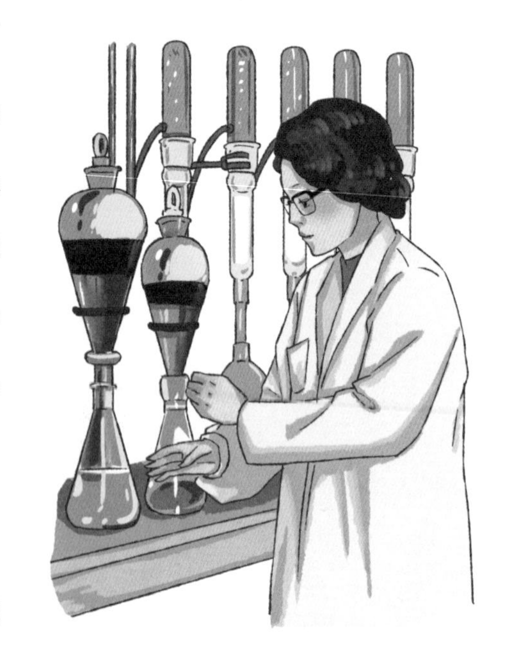

为了排除高温的影响，屠呦呦等人开始试着采用低

温萃取的方法来制备青蒿提取物。实验结果表明，青蒿提取物确实对疟原虫有着不错的抑制效果。那么，其中是何种成分起主要作用呢？要想找到答案，就必须对青蒿提取物去粗存精，进行提纯。

药物提纯在现在的科研人员看来可能不是什么难事，但对于当时的屠呦呦来说非常困难，因为那时中国的科研条件非常糟糕，很多实验室都简陋到连通风设施都没有。

为了加快提纯速度，屠呦呦等科研人员甚至用水缸取代实验室常规提取容器来进行提纯操作。功夫不负有心人，经过无数次的试验和摸索，屠呦呦所领导的科研小组终于在1972年11月成功分离出抗疟有效单体——青蒿素，这也是该物质首次以单体身份出现在世人面前。

不过，青蒿素虽然给中国科研界带来了希望，但一开始并没有完全取得科研界的信任，因为青蒿素的身份之谜（即具体的化学结构）还没有全部揭晓。为此，屠呦呦等人又对青蒿素做了立体结构分析，最后发现它并不是奎宁类物质（疟疾容易对此类药产生抗药性），而是一种全新结构的化合物。

待“青蒿素是抗疟特效药”成为科研界的共识后，中国的科学家又于1982年率先完成了青蒿素的人工合成工作，这一成就使得青蒿素大规模生产成为可能，给世界上数以亿计的疟疾患者带来了希望。另外，从某种程度上来说，青蒿素也是中医药给世界的一份礼物。

青蒿素的发现揭开了世界抗疟研究史的新篇章，并且凭借衍生药物挽救了无数的生命，在外国人眼中更是有着“中国神药”之称，世界卫生组织也将其评为治疗恶性疟疾唯一真正有效的药物。

另外，根据新的研究发现，青蒿素除了治疗疟疾之外，还可能有助于治疗特定原因导致的先天性耳聋。

时至今日，疟疾造成的死亡率在青蒿素类药物的影响下已经下降了近50%，甚至世界卫生组织都明文规定将青蒿素列入了“基本药品”目录。

由于青蒿素的发现对人类抗疟研究有着非凡的意义，屠呦呦在2015年获得了诺贝尔生理学或医学奖，2019年又被中国政府授予“共和国勋章”，其事迹还被写入教科书，成为全国青少年学习的榜

样。不过，面对纷至沓来的各种荣誉，这位耄耋老人并不太放在心上，因为淡泊名利的她更在意的是怎样继续发挥余热，为科研作贡献。

在文章最后，还有一个关于青蒿素的小秘密要告诉小伙伴们。很多人初次听闻青蒿素时，往往会想当然地认为青蒿素是从青蒿这种植物里提取出来的。其实，青蒿中并不含有青蒿素，青蒿素最初的来源是黄花蒿。那为什么它的名字不叫“黄花蒿素”或者“黄蒿素”呢？原来，青蒿素的命名与传统中医有关。众所周知，古人由于时代所限，没有像现代一样的植物学体系，所以他们在给植物分类取名时并不科学，这便导致黄花蒿的名字在中医学里变成了“青蒿”。

也就是说，传统中药典籍里所说的青蒿，其真实身份是黄花蒿。出于对传统中医的尊重，青蒿素的命名被沿用至今。所以，下次如果有人说青蒿素来自青蒿时，小伙伴们别忘了用自己学到的知识向更多的人科普噢！